# O CÉREBRO RELATIVÍSTICO

# O CÉREBRO RELATIVÍSTICO

COMO ELE FUNCIONA E POR QUE ELE NÃO PODE SER SIMULADO POR UMA MÁQUINA DE TURING

Ronald Cicurel

Miguel Nicolelis

*Kios Press*     Natal, Montreux, Durham, São Paulo

Outros livros dos autores:

L'ordinateur ne digérera pas le cerveau: Science et cerveaux artificiels. Essai sur la nature du reel.
por Ronald Cicurel

Muito Além do Nosso Eu: Beyond Boundaries: a nova neurociência
por Miguel Nicolelis

Palestras TED de Miguel Nicolelis:

1 A comunicação cérebro-cérebro chegou.

2 Um macaco que controla um robô com seus pensamentos.

Capa e ilustrações por Katie Zhuang

Kios Press, Natal, Montreux, Durham, São Paulo,
Copyright © 2015 by Ronald Cicurel and Miguel A. L. Nicolelis, 2015
ISBN **9781731524423**

Para Wagner Weidebach e as saudosas memórias que nenhuma máquina jamais trará de volta.

## Sumário

AGRADECIMENTOS ................................................................. 8

PREFÁCIO........ ................................................................. 9

CAPÍTULO 1   Registrando Populações de Neurônios e construindo Interfaces Cérebro-Máquina: o caminho experimental para desvendar o segredo do cérebro relativístico ................................. 13

CAPÍTULO 2   A Teoria do Cérebro Relativístico: seus princípios e predições ........................................ 28

CAPÍTULO 3   A disparidade entre sistemas integrados como o cérebro e uma máquina de Turing .................. 52

CAPITULO 4   Os argumentos matemáticos e computacionais que refutam a possibilidade de simular cérebros numa máquina de Turing ................................ 59

CAPITULO 5   O argumento evolucionário............................. 75

CAPITULO 6   O cérebro humano como um sistema físico muito especial: o argumento da informação .... 81

CAPITULO 7   Conclusões ....................................................... 93

Referências Bibliográficas....................................................... 102

APÊNDICE I.... ................................................................. 110

## AGRADECIMENTOS

Muitas pessoas contribuíram para a preparação e revisão desta monografia. Em primeiro lugar, nós gostaríamos de agradecer a todos os membros do Nicolelis Lab na Universidade Duke e dos colegas do Instituto Internacional de Neurociências Edmond e Lily Safra (IINELS) que foram pacientes o suficiente para ler múltiplas versões deste manuscrito e oferecer muitas sugestões e críticas valiosas. Nós também somos muito gratos pelos comentários detalhados oferecidos pelo Dr. Ron Frostig, que nos ajudaram a aprofundar muitas das nossas ideias e pensamentos.

Katie Zhuang foi responsável pelo conceito e arte da capa e por todas as ilustrações contidas neste trabalho. Nós a agradecemos profundamente pelo seu toque artístico. Nós também agradecemos a Susan Halkiotis que foi a responsável pela revisão do original em inglês desta monografia e pela finalização do manuscrito em todas as suas traduções, bem como a escritora Giselda Laporta Nicolelis que, como sempre, revisou todo o texto em português, oferecendo inúmeras sugestões para melhorar a exposição das nossas ideias. Todo o trabalho experimental realizado no Nicolelis lab ou no IINELS descrito nesta monografia foi apoiado por projetos do National Institutes of Health, FINEP, e pela Fundação Hartwell.

Finalmente, os autores gostariam de agradecer a Liliane Mancassola e M. Pitanga pelo amor incondicional e apoio contínuo.

# PREFÁCIO

Este pequeno volume resume quase uma década de discussões entre um matemático (RC) e um neurofisiologista (MN) que, de formas distintas, cresceram fascinados com o cérebro e os seus mistérios intermináveis. Ao longo destes últimos dez anos, durante encontros sem hora para acabar, que ocorreram ou eventualmente terminaram na pizzaria Da Carlo, localizada no centro da cidade de Lauzane, na Suíça, cada um de nós se esforçou, primeiramente, em aprender o jargão científico do outro para que, depois que um consenso tivesse sido atingido, pudéssemos fundir as nossas melhores ideias numa teoria abrangente sobre o funcionamento do cérebro.

Embora algumas dessas ideias individuais tenham aparecido anteriormente na forma de dois livros (Muito Além do Nosso Eu, escrito por MN, e L'ordinateur ne digérera pas le cerveau, escrito por RC), esta monografia contém a primeira descrição completa das nossas conversas de uma década, regadas a pizza napolitana e Coca-cola, "classic" (RC) e "diet" (MN). Sendo assim, este manuscrito representa o nosso melhor esforço para apresentar um tópico complexo em uma linguagem acessível, não só para múltiplas comunidades científicas, mas também para o público interessados em conhecer e debater conjecturas abstratas como as apresentadas aqui.

Apesar de ressaltar que qualquer leitor leigo será capaz de compreender os princípios chaves da teoria descrita neste livro, é importante ressaltar, desde o início, que leituras e estudos adicionais serão necessários para se obter um entendimento completo – bem como satisfação intelectual plena – sobre as duas teses principais apresentadas nesta monografia. A primeira dessas diz respeito a uma nova teoria abrangente sobre como cérebros complexos como o nosso funcionam. Batizada como Teoria do Cérebro Relativístico (TCR), por razões que nós esperamos fiquem claras depois da leitura dos dois primeiros capítulos, este novo modelo neurofisiológico tenta explicar como as gigantescas redes de células do nosso cérebro – conhecidas como neurônios – são capazes de gerar toda a sorte de funções neurais complexas, cujo espectro vai desde sensações elementares, como a dor, até a definição do nosso senso de ser e a nossa consciência. Da mesma forma, num contraste impressionante, essas mesmas redes neurais podem nos conduzir a estados mentais patológicos, como resultado de uma grande variedade de moléstias neurológicas e psiquiátricas, que são capazes de devastar a existência de qualquer um de nós de forma dramática, ao alterar a nossa percepção de nós mesmos e do mundo que nos cerca.

Como toda teoria científica, a TCR faz uma série de predições que requererão extensa investigação experimental para serem demonstradas ou refutadas (veja Apêndice I). Todavia, nós acreditamos piamente que suficiente evidência experimental e clínica já se encontra disponível na literatura neurocientífica para permitir que a teoria seja divulgada neste momento. Para nós, a TCR oferece uma mudança de paradigma radical na forma de se compreender o cérebro de animais, inclusive o humano.

Além de revelar essa nova teoria, nesta monografia nós também trazemos à tona uma série de argumentos para refutar a hipótese, conhecida pelo termo em inglês "computationalism", que propõe que cérebros complexos como o nosso se assemelham a computadores digitais e, como tal, poderiam ser reproduzidos ou simulados por um programa de instruções executado por um supercomputador altamente sofisticado. Por algum tempo, muitos cientistas da computação envolvidos em pesquisas na área de inteligência artificial têm proposto que a maioria, senão todas, as funções geradas pelo cérebro de animais, incluindo o nosso, poderão ser simuladas efetivamente em breve através do emprego de algoritmos executados por um computador digital. Essa proposta não é nova, uma vez que previsões similares foram feitas desde os tempos de Georges Boole e Alan Turing. Hoje em dia, essa visão "computacionalística" é defendida com base no argumento de que como o cérebro é uma entidade física, ele deve obedecer às leis da física que podem ser simuladas num computador.

# PREFÁCIO

Mais recentemente, um grupo crescente de neurocientistas tem defendido a visão de que a realização desse feito épico – simular o funcionamento de um cérebro animal – poderá ser atingida pela estratégia de empregar computadores cada vez maiores e mais velozes, bem como uma nova classe de "ferramentas" para exploração de grandes bancos de dados. Uma vez que grandes recursos financeiros (centenas de milhões de dólares) e enormes times de pesquisadores serão necessários para desenvolver ou adquirir sistemas computacionais desse grau de complexidade, consórcios internacionais de grande porte têm sido formados ao redor do planeta – notadamente na Europa – com o objetivo central de simular no mais sofisticado supercomputador disponível, primeiramente, o cérebro de pequenos mamíferos, como ratos e camundongos, e eventualmente o sistema nervoso humano. Surpreendentemente, a despeito da enormidade de tal assertiva - de que o cérebro humano poderá ser simulado num futuro próximo – e do impacto descomunal que a realização de tal feito poderia trazer para o futuro da humanidade, os principais pilares científicos dessa proposta quase não receberam escrutínio crítico nos últimos anos.

Poderão os computadores digitais um dia simular um cérebro humano? Nas próximas páginas, argumentos matemáticos, computacionais, evolucionários e neurofisiológicos serão apresentados como suporte para invalidar essa tese. Nós propomos que a tentativa de simular cérebros num computador digital é limitada por uma longa série de problemas, ditos não computáveis ou intratáveis matematicamente, que nem mesmo um supercomputador de última geração será capaz de solucionar. Pelo contrário, valendo-se da TCR, nós propomos que sistemas nervosos complexos geram, combinam e estocam informação sobre si mesmos, o corpo que habitam, e o mundo exterior que os circunda, através de uma interação dinâmica e recursiva de um sistema híbrido digital e analógico. No centro desse sistema, os disparos elétricos produzidos por redes neurais distribuídas fluem por uma enorme variedade de "bobinas biológicas" formadas por feixes de nervos que definem a chamada substância branca do cérebro, gerando inúmeros campos electromagnéticos neurais

(NEMFs) . De acordo com a nossa teoria, a interferência contínua desses múltiplos NEMFs funciona como um "computador analógico", formado pela fusão do espaço e tempo neurais, que define um "espaço mental" de onde emerge todo o espectro de funções cerebrais de alta ordem. Interações entre esse "espaço mental" e sinais sensoriais advindos da periferia do corpo são estocados de forma distribuída pelo cérebro. Uma vez que nem a geração desses NEMFs, nem o seu impacto direto nos bilhões de neurônios que formam um cérebro humano são computáveis ou tratáveis do ponto de vista matemático e computacional, qualquer tentativa de simular corretamente a complexidade intrínseca de um cérebro animal em um computador digital ou qualquer outra máquina de Turing está fadada ao fracasso.

Natal, Montreux, Durham, São Paulo, 2015-05-04
Ronald Cicurel
Miguel A. Nicolelis

## CAPÍTULO 1 - Registrando Populações de Neurônios e construindo Interfaces Cérebro-Máquina: o caminho experimental para desvendar o segredo do cérebro relativístico

Desde a fundação da disciplina de neurociências, no final do século XIX, muitas gerações de neurocientistas sugeriram a ideia de que populações de neurônios, ao invés de células individuais, são responsáveis pela geração dos comportamentos e funções neurológicas que emergem dos cérebros de animais altamente evoluídos, como nós (Hebb 1949). Ainda assim, somente nos últimos 25 anos, graças à introdução de novas técnicas neurofisiológicas e de imagem, essa hipótese tem sido testada extensivamente numa variedade de estudos em animais e em seres humanos (Nicolelis, 2008).

Entre os novos paradigmas experimentais utilizados em animais, o método conhecido como registros crônicos com múltiplos microeletrodos (RC-MM) proporcionou a coleta de grandes quantidades de dados favorecendo a noção que populações de neurônios definem a verdadeira unidade funcional do cérebro de mamíferos (Nicolelis 2008, Nicolelis 2011). Graças a essa técnica neurofisiológica, dezenas ou mesmo centenas de filamentos metálicos flexíveis, conhecidos como microeletrodos, podem ser implantados nos cérebros de roedores e macacos respectivamente (Schwarz, Lebedev et. al., 2014). Basicamente, esses microeletrodos funcionam como sensores que permitem o registro simultâneo dos sinais elétricos – conhecidos como potenciais de ação – produzidos por centenas ou mesmo milhares de neurônios individuais, distribuídos pelas múltiplas estruturas que definem um circuito neural em particular, como o sistema motor, que é responsável por gerar os planos motores necessários para a produção de movimentos corpóreos. Por causa das características dos materiais usados para a produção desses microeletrodos, esses registros neurais podem continuar, ininterruptamente, por meses ou mesmo anos (Schwarz, Lebedev et. al., 2014).

Aproximadamente 15 anos atrás, um dos autores desta monografia (MN) aproveitou as novas possibilidades abertas pela introdução dos RC-MM para criar, juntamente com John Chapin, então professor na Universidade Hahnemann, um novo paradigma experimental que foi chamado de interfaces cérebro-máquina (ICMs) (Nicolelis 2001). Nos seus trabalhos originais (Chapin, Moxon et. al., 1999; Wessberg, Stambaugh et. al., 2000, Carmena, Lebedev et. al., 2003, Patil, Carmena et. al., 2004), envolvendo estudos em ratos e macacos, Nicolelis e Chapin propuseram que as ICMs poderiam servir como importante técnica na investigação dos princípios fisiológicos que definem como grandes populações neurais interagem para dar origem a comportamentos motores (Nicolelis 2003; Nicolelis e Lebedev 2009). Logo depois dessa proposta original, no começo dos anos 2000, os mesmos dois autores passaram a defender a proposta de que ICMs também poderiam servir de base para o desenvolvimento de uma nova geração de neuropróteses, criadas com o propósito de restaurar movimentos em pacientes paralisados, como consequência de lesões traumáticas da medula espinhal ou de doenças neurodegenerativas (Chapin, Moxon et. al., 1999; Nicolelis, 2001; Nicolelis and Chapin 2002; Nicolelis 2003).

O potencial das ICMs como uma nova terapia de neuro-reabilitação foi o tema de duas palestras TED ministradas por um dos autores (MN). Na primeira dessas palestras (http://tinyurl.com/n4pwx9p), em abril de 2012, os experimentos que demonstraram a possibilidade de se construir ICMs que podiam ser operadas por macacos foram apresentados. Essa palestra também reviu os planos para a construção de uma veste robótica controlada pela atividade cerebral, conhecida como exoesqueleto, que poderia ser empregada na restauração de movimentos dos membros inferiores em pacientes paraplégicos.

Na segunda palestra TED (http://tinyurl.com/lez9agu), ministrada em outubro de 2014, os resultados clínicos preliminares, obtidos com oito pacientes paraplégicos que testaram tal exoesqueleto, foram descritos. Tanto o exoesqueleto, como o protocolo de neuro-reabilitação utilizado para que os pacientes pudessem aprender a caminhar com essa veste robótica foram idealizados e implementados por um consórcio internacional de pesquisa sem fins lucrativos, envolvendo mais de 100 cientistas, chamado Projeto Andar de Novo.

Depois de passar por um programa de treinamento intensivo, envolvendo múltiplos estágios de condicionamento com ICMs, esses oito pacientes não só aprenderam a usar a sua atividade cerebral, amostrada através de uma técnica não invasiva, conhecida como eletroencefalografia (EEG), para controlar os movimentos de um exoesqueleto e andar novamente, como também passaram a experimentar ilusões táteis e proprioceptivas "fantasmas", provenientes de pernas que eles não podem nem mover nem sentir desde o dia em que sofreram lesões da medula espinhal. Essas sensações "fantasmas" estavam claramente associadas à capacidade de caminhar recém adquirida por esses pacientes. Assim, acima de uma certa velocidade de deslocamento do exoesqueleto, todos os pacientes relataram a sensação de "estar caminhando com as próprias pernas", como se eles não estivessem utilizando uma órtese robótica para auxiliá-los nessa tarefa. Essas sensações emergiram como resultado do tipo de feedback tátil que os pacientes receberam, a partir de matrizes de sensores de pressão, distribuídos pela superfície plantar dos pés e nas articulações do exoesqueleto. De acordo com esse arranjo, uma vez que o pé do exoesqueleto fazia contato com o chão, um sinal de pressão, gerado pelos sensores implantados na superfície plantar, era transmitido para uma matriz de elementos vibro-mecânicos costurados nas mangas de uma "camisa inteligente" usada pelos pacientes. Alguns minutos depois de prática com esse sistema de feedback eram suficientes para que os pacientes começassem a experimentar ilusões táteis conhecidas como "membros fantasmas", indicando que esse aparato experimental foi capaz de "enganar" o cérebro e fazer com que ele interpretasse os sinais mecânicos produzidos na superfície da pele do antebraço dos pacientes – gerados pelos microvibradores implantados nas mangas da camisa inteligente – como se eles fossem originários dos pés e pernas paralisados dos pacientes.

Nossos pacientes se tornaram tão proficientes no uso cotidiano desse primeiro exoesqueleto controlado diretamente pela atividade cerebral, que um deles, Juliano Pinto, há quase uma década sofrendo de paralisia completa desde o meio do tórax, foi capaz de executar o chute inaugural da Copa do Mundo de Futebol de 2014, no Brasil.

Enquanto essa demonstração de um exoesqueleto controlado diretamente pelo cérebro durante a cerimônia de abertura da Copa do Mundo revelou para o público leigo o grande impacto clínico que as ICMs terão no futuro, a pesquisa básica com ICMs tem produzido uma quantidade astronômica de resultados experimentais relacionados ao funcionamento de circuitos neurais em animais despertos e livres para exibir seus comportamentos motores em toda a sua plenitude. No geral, esses achados suportam uma visão bem diferente dos princípios que governam o funcionamento do córtex, a estrutura formada por camadas sobrepostas de células que é responsável pelas funções neurais mais complexas oriundas do cérebro de mamíferos.

Os atributos fundamentais desse novo modelo de funcionamento cerebral foram resumidos numa série de princípios da fisiologia de populações neurais (Tabela 1), derivados da análise dos nossos registros simultâneos da atividade elétrica extracelular de 100-500 neurônios corticais, obtidos quando do uso de ICMs para investigar como comandos motores para a produção de movimentos dos membros superiores são gerados pelo cérebro de primatas. No topo dessa lista situa-se o princípio da codificação neural distribuída, que propõe que todos os comportamentos gerados por cérebros complexos como o nosso dependem do trabalho coordenado de populações de neurônios, distribuídos por múltiplas estruturas neuronais.

O princípio do processamento distribuído pode ser claramente ilustrado quando macacos são treinados para usar uma ICM para controlar os movimentos de um braço robótico usando somente a sua atividade elétrica cortical (Figura 1.1), sem a produção de nenhum movimento explícito do seu próprio corpo.

Nesses experimentos, esses animais só conseguiram realizar tal tarefa quando a atividade elétrica de populações de neurônios corticais foi usada como fonte de sinais para a ICM. Qualquer tentativa de usar um neurônio isolado como fonte de sinais motores para controle dessa ICM falharam em produzir movimentos corretos do braço robótico.

TABELA 1 – **Princípios da Fisiologia de Populações Neurais**

| Princípios | Explicação |
| --- | --- |
| Processamento distribuído | A representação de qualquer parâmetro comportamental é distribuído por populações de neurônios e áreas cerebrais |
| Insuficiência do neurônio único | Neurônios individuais são limitados na capacidade de codificar parâmetros comportamentais |
| Multi-tarefa | Um mesmo neurônio pode participar na codificação de múltiplos parâmetros |
| Efeito de massa neuronal | O logaritmo do # de neurônios corticais incluídos numa população determina a capacidade de codificação comportamental dessa população. |
| Redundância | O mesmo comportamento pode ser produzido por diferentes populações de neurônios |
| Plasticidade | Populações neurais se adaptam constantemente a novas estatísticas do mundo externo |
| Conservação de disparos | A taxa global de disparos de uma população de neurônios permanece constante durante o aprendizado ou execução de um comportamento |
| Contextualização | As respostas sensoriais evocadas de populações neurais mudam de acordo com o contexto da tarefa e da geração do estímulo sensorial |

TABELA 1 – Publicado com permissão Nature Publishing do original de Nicolelis MAL e Lebedev MA. Nature Review Neuroscience 10: 530-540, 2009.

Além disso, esses experimentos revelaram que neurônios distribuídos por múltiplas áreas corticais dos lobos frontal e parietal, em ambos os hemisférios cerebrais, podem contribuir significativamente para a execução de uma tarefa motora. Análises mais detalhadas desses resultados nos levaram a enunciar um outro princípio, o princípio do efeito de massa neural, que postula que a contribuição (ou capacidade de predição) de qualquer população de neurônios corticais para codificar um dado parâmetro comportamental, como uma das variáveis motoras usadas pelas nossas ICMs para gerar movimentos de um braço robótico, cresce com o logaritmo (base 10) do número de neurônios acrescentados a essa população (Figura 1.1B).

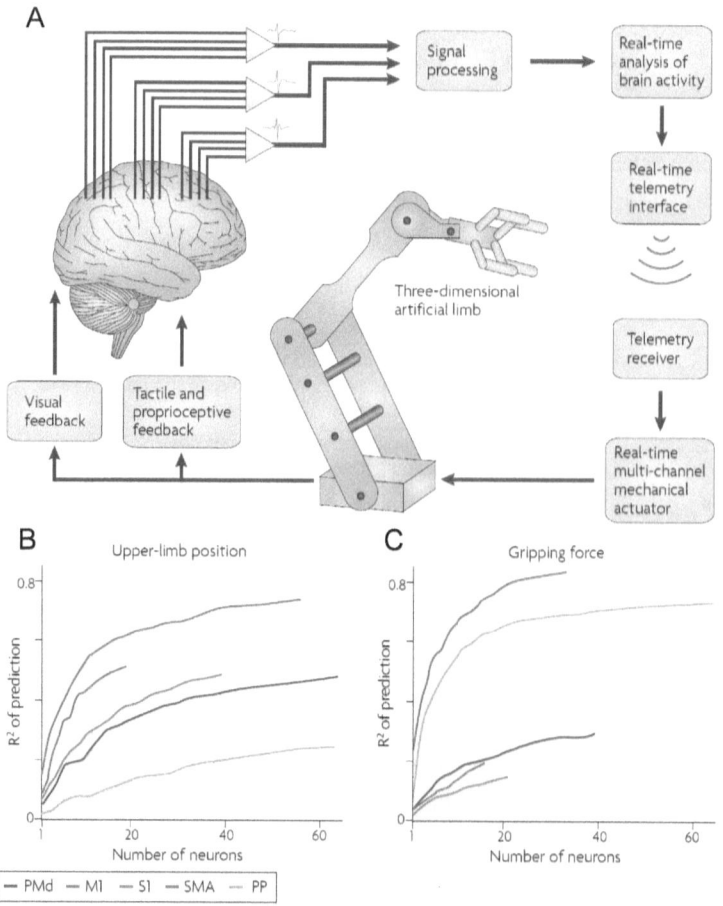

Figura 1.1 Princípios de uma interface cérebro-máquina. (A) Descrição esquemática de uma interface cérebro-máquina (ICM) para restaurar movimentos de membros superiores. Comandos motores são extraídos de áreas corticais sensori-motoras usando implantes crônicos de multieletrodos que registram as descargas elétricas de grandes populações de neurônios corticais. Algoritmos de processamento de sinais biológicos convertem a sequência de disparos neuronais em comandos digitais que controlam um artefato robótico (isso é, braços, pernas ou uma cadeira de rodas). Telemetria

sem fio pode ser usada para ligar a ICM a um manipulador robótico. O operador recebe feedback visual ou tátil do artefato robótico. (B) Curvas de decaimento neuronal para a predição de movimentos dos braços em macacos Rhesus calculados para populações de neurônios registrados em diferentes áreas corticais: córtex premotor dorsal (PMd), córtex motor primário (M1), córtex somestésico primário (S1), área motora suplementar (SMA), e o córtex parietal posterior. Curvas de decaimento neuronal descrevem a acurácia (R2) da performance de uma ICM como função do tamanho de uma população neuronal. As melhores predições foram geradas pelo córtex motor primário (M1), mas outras áreas corticais contêm quantidades significativas de informação. A acurácia da predição melhora com o aumento de neurônios registrados. (C) Predições da força de apreensão da mão calculadas a partir da atividade das mesmas áreas corticais representadas no painel (A). Publicada com permissão de Nature Publishing. Originariamente publicada em Nicolelis et. al. Nat. Rev. Neurosci. 10: 53-540, 2009.

Uma vez que áreas corticais diferentes exibem níveis distintos de especialização, a inclinação da reta que descreve essa relação logarítmica varia de região para região (Figura 1.1B). Dessa forma, todas essas áreas corticais podem contribuir com algum tipo de informação para a realização do objetivo final: mover o braço robótico.

Os princípios da ação multitarefa e da redundância neuronal são os próximos itens da Tabela 1. O primeiro indica que a atividade elétrica gerada por neurônios individuais pode contribuir para o funcionamento de múltiplos circuitos neurais simultaneamente (Figura 1.1C). Essa possibilidade confere a neurônios corticais individuais a possibilidade de participar da codificação de múltiplos parâmetros funcionais e comportamentais ao mesmo tempo. Por exemplo, nos experimentos descritos acima, os mesmos neurônios corticais contribuíram para a codificação de dois comandos motores simultaneamente: a direção do movimento do braço e a magnitude da força de apreensão exercida pela mão robótica (Figura 1.1C).

Já o princípio da redundância neuronal propõe que um dado comportamento – mover o braço para apanhar um copo d'água – pode ser gerado por diferentes combinações de neurônios. Em outras palavras, múltiplas redes neurais corticais podem gerar um mesmo comportamento em diferentes momentos. Na realidade, evidência colhida em nosso laboratório sugere que a mesma combinação de neurônios corticais nunca é repetida na produção do mesmo tipo de movimento. Em outras palavras, cada vez que nós realizamos um movimento idêntico, diferentes combinações de neurônios corticais foram recrutadas para planejar esse ato motor.

O princípio da contextualização prevê que, num dado momento no tempo, o estado global interno de um cérebro determina como esse sistema nervoso responderá a um novo estímulo sensorial ou a necessidade de gerar um comportamento motor. Isso implica que, durante diferentes estados internos cerebrais, o mesmo cérebro responderá de forma totalmente diversa ao mesmo estímulo sensorial – digamos, um estímulo mecânico aplicado na pele. Colocado de uma forma mais coloquial, esse princípio sugere que o cérebro tem o "seu próprio ponto de vista" e que ele o aplica para tomar decisões relacionadas à interpretação de um novo evento. Ao se valer da experiência acumulada ao longo de toda a vida de um indivíduo, o cérebro esculpe e atualiza continuamente esse "ponto de vista" interno (Nicolelis 2011), o qual pode ser interpretado como um modelo interno da estatística do mundo ao seu redor e do senso de ser de cada um de nós. Consequentemente, antes de qualquer encontro com um novo evento, digamos, um novo estímulo tátil, o cérebro expressa o seu "ponto de vista" através da aparição súbita de uma onda de atividade elétrica, distribuída por todo o córtex e estruturas subcorticais, que se antecipa ao estímulo sensorial (Figura 1.3). A presença desse sinal que indica a expectativa interna do cérebro em relação ao futuro imediato justifica a hipótese de que o cérebro "vê antes de enxergar".

Mas como pode um cérebro formado por redes neurais tão vastas reconfigurar-se tão rapidamente, literalmente de um momento para o outro, durante toda a vida de um indivíduo, para ajustar o seu ponto de vista interno e realizar um contínuo escrutínio de toda e qualquer informação proveniente do mundo ao seu redor? Essa propriedade de auto-adaptação única, que cria um fosso profundo separando o cérebro animal de um computador, é explicada pelo princípio da plasticidade neural: a capacidade que todo cérebro animal tem de continuamente modificar a sua micromorfologia e fisiologia em resposta às experiências novas. Essencialmente, o cérebro é como uma orquestra cujos "instrumentos" continuamente mudam sua configuração estrutural em função da música produzida.

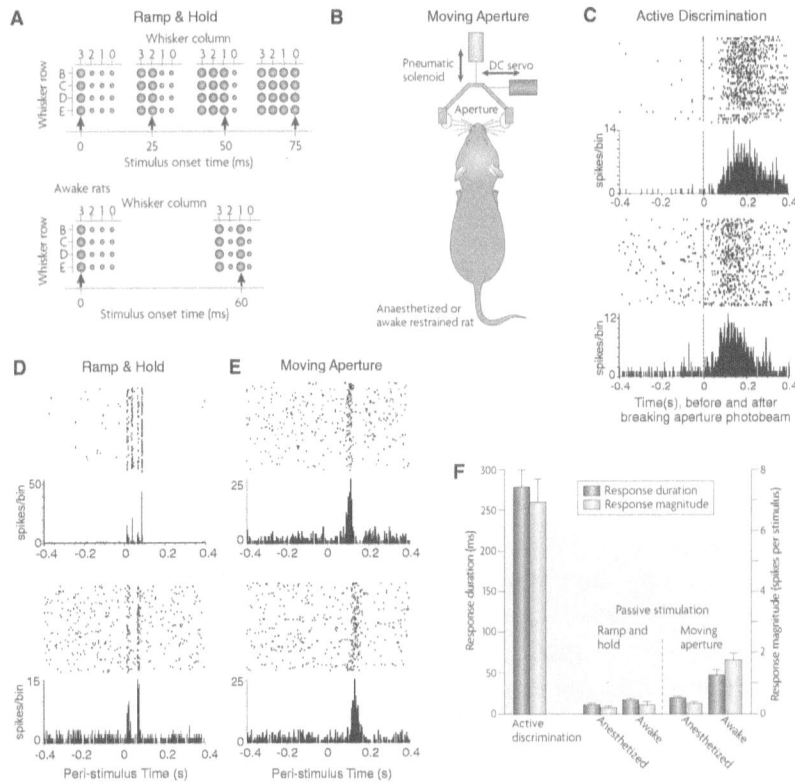

Figura 1.2 – (A) O esquema da metade superior mostra o padrão de estimulação mecânica passiva de múltiplas vibrissas faciais usado em ratos anestesiados. Pontos negros grandes representam o padrão de uma vibrissa facial. Flechas apontando para cima indicam o momento do começo da estimulação. O esquema da metade inferior mostra o padrão de estimulação utilizado em ratos despertos mas imobilizados. (B) (Esquerda) Esquema descrevendo o sistema móvel de estimulação de vibrissas faciais. A abertura do sistema é acelerada em direção às vibrissas faciais por um solenoide pneumático. (Direita) Quadros de vídeo mostram um exemplo da abertura movendo através das vibrissas de um rato desperto mas imobilizado. (C) Respostas táteis representativas de neurônios individuais mostrando disparos

tônicos de longa duração durante discriminação ativa da abertura por um rato livre para explorar a abertura ativamente. A porção superior de cada painel é um raster plot onde cada linha representa um "trial" consecutivo da sessão de registro e cada ponto representa um potencial de ação; a porção inferior de cada painel mostra a atividade somada para todos os "trials" em bins de 5 ms. O ponto 0 no eixo X (tempo) representa o momento em que o rato cruza um feixe de luz infravermelho antes de tocar as extremidades da abertura com as vibrissas. (D) Respostas sensoriais representativas de neurônios individuais à estimulação mecânica de 16 vibrissas num rato levemente anestesiado (painel superior) e estimulação passiva de oito vibrissas num rato desperto mas imobilizado (painel inferior). O ponto 0 no eixo X (tempo) representa o início da estimulação mecânica das vibrissas. (E) Respostas significativas de neurônios individuais evocadas pelo movimento da abertura pelas vibrissas de um rato desperto mas imobilizado (tempo 0 representa o começo do movimento da abertura). (F) Média (+erro padrão da média) da duração e magnitude das respostas excitatórias evocadas durante discriminação ativa e dos diferentes protocolos de estimulação passiva realizados em animais anestesiados ou despertos e imobilizados. Modificado com permissão de Krupa et. al. Science 304:1989-1992, 2004.

    De acordo com o princípio da plasticidade, a representação interna do mundo mantida pelo cérebro, o que inclui o nosso senso de ser, permanece sendo modificada continuamente ao longo das nossas vidas. É por causa desse princípio que nós somos capazes de aprender por toda a vida. A plasticidade cerebral também explica por que em pacientes cegos, nós encontramos neurônios no córtex visual capazes de responder a estímulos táteis. Esse achado pode explicar porque pacientes cegos conseguem usar as pontas dos dedos para atingir um altíssimo grau de proficiência na leitura de caracteres da linguagem Braille.

    Recentemente, Eric Thomson e colaboradores, trabalhando no laboratório de um doas autores (MN), demonstraram que o princípio da plasticidade pode ser explorado para induzir uma área cortical, no caso o córtex somestésico primário, uma das principais regiões envolvidas no processamento de informação tátil, a se adaptar a novas condições impostas ao mundo exterior (Thomson, Carra, et. al 2013). Para realizar tal experimento, um sensor para detectar a presença de luz infravermelha foi primeiramente implantado no osso frontal de ratos adultos. A seguir, os sinais elétricos gerados por esse sensor, quando a presença de uma fonte de luz infravermelha é detectada no ambiente, foram redirecionados para uma região do córtex somestésico envolvida no processamento de sinais táteis gerados pela estimulação das vibrissas faciais desses animais.

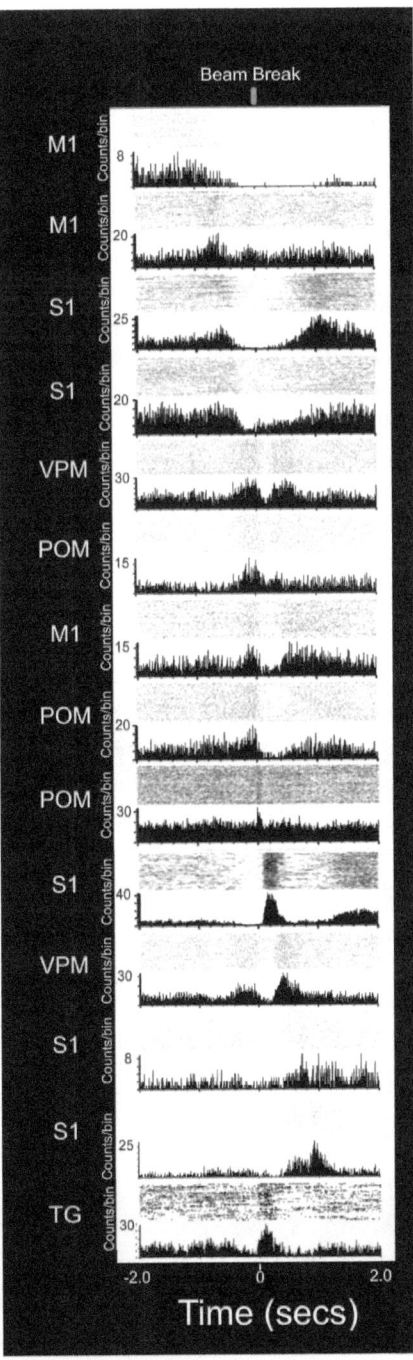

Figura 1.3 – Atividade neuronal antecipatória pode ser visto ao longo de múltiplas estruturas corticais e subcorticais em ratos despertos. (M1) córtex motor primário, (S1) córtex somestésico primário, (VPM) núcleo ventroposterior medial, (POM) posterior medial do tálamo. (A) Histogramas peri-estímulo (PSTHs) de todas as áreas exibem diferentes períodos de aumento e redução de disparos neuronais, ao longo de todo o "trial" de uma tarefa. O tempo 0 do eixo X indica o momento em que o rato passa pelo feixe de luz que antecede o contato das vibrissas com as extremidades da abertura cujo diâmetro o animal tenta discriminar. Note que vários neurônios em estruturas corticais e subcorticais apresentam períodos de aumento de disparos antes do contato das vibrissas com as extremidades da abertura. Esse aumento pré-estímulo tátil define o período de atividade antecipatória (ver texto). Uma vez que o animal encosta as vibrissas nas

extremidades da abertura, pode-se observar o aumento de atividade pós-estímulo em neurônios do núcleo VPM e no S1. Entre o período de atividade antecipatória e o aparecimento de respostas táteis evocadas, podemos observar uma grande variedade de modulações (excitatórias e inibitórias) ao longo de todas a via trigeminal e nos M1 e S1. Na parte inferior da figura representa-se o padrão de disparo de um neurônio localizado no gânglio trigeminal (TG), que recebe sinais táteis diretamente dos nervo trigeminal que enerva as vibrissas faciais. Note que esse neurônio, como todos os outros do TG, só dispara após o contato das vibrissas com as extremidades da abertura. No seu todo, o conjunto dos PSTHs demonstram que o processo de discriminação tátil ativo resulta de complexas interações definidas pela participação de todas as regiões corticais e subcorticais em cada momento do tempo. Originariamente publicado em Pais-Vieira, M. et. al. J. Neurosci. 33:4076-4093, 2013.

Usando esse aparato, ratos foram capazes de aprender a "tocar" uma forma de luz que seria normalmente considerada invisível (Thomson, Carra et. al., 2013). Sabidamente, mamíferos não possuem foto-receptores para detecção de luz infravermelha em suas retinas. Consequentemente, esses animais são totalmente incapazes de detectar ou rastrear feixes de luz infravermelha. Todavia, depois de algumas semanas de treino com essa "prótese cortical", os ratos de Thompson e seus colegas transformaram-se em rastreadores extremamente capazes de seguir feixes ainda invisíveis para eles até locais do ambiente onde uma recompensa líquida os aguardava.

Uma vez que o rastreamento de luz infravermelha foi executado usando-se o córtex somestésico, os autores desse estudo propuseram que seus ratos muito provavelmente experimentaram a luz infravermelha como uma nova forma de estímulo tátil. Em suporte a essa hipótese, os mesmos investigadores mostraram que, na medida em que os ratos melhoravam a sua capacidade de detectar luz infravermelha, mais e mais neurônios do córtex somestésico passavam a responder à luz infravermelha. Ainda assim, esses mesmos neurônios conservaram a sua capacidade de responder normalmente à estimulação mecânica das suas vibrissas faciais. Essencialmente, Thomson e colegas foram capazes de induzir um pedaço de córtex a processar uma nova modalidade sensorial – luz infravermelha – sem prejuízo aparente da sua capacidade natural – processamento tátil.

Registros com múltiplos microeletrodos obtidos em ratos e macacos despertos também revelaram que, a despeito da contínua variação na taxa de disparos elétricos de neurônios individuais, observada durante o processo de aprendizado de várias tarefas comportamentais, a atividade elétrica global produzida por circuitos corticais tende a permanecer constante. Em outras palavras, o número total de potenciais de ação produzido por uma amostra pseudo-aleatória de centenas de neurônios que formam um dado circuito neural – córtex motor ou somestésico, por exemplo – tende a oscilar em torno de uma média fixa. Esse achado, reproduzido em registros obtidos em várias áreas corticais de várias espécies (camundongos, ratos e macacos), deu origem ao princípio da conservação de disparos, que propõe que, dado o "orçamento" energético fixo ao qual o cérebro está submetido, os circuitos neurais têm que manter um limite para a sua taxa de disparo. Assim, se num desses circuitos alguns neurônios aumentam a sua taxa de disparo transientemente para sinalizar a presença de um estímulo sensorial ou para participar na geração de um movimento ou outros comportamentos, neurônios vizinhos terão que obrigatoriamente reduzir suas taxas de disparo de forma proporcional, de tal sorte que a atividade elétrica global de toda a população permaneça constante.

Embora alguns outros princípios tenham sido derivados empiricamente ao longo dos 25 anos de registros crônicos com múltiplos eletrodos, a lista revista acima é suficiente para ilustrar o dilema que neurocientistas encontram ao tentar propor uma teoria abrangente e sintética o suficiente para explicar o funcionamento do cérebro de animais mais evoluídos. Certamente, nenhuma das teorias clássicas disponíveis hoje conseguem explicar os achados provenientes dos experimentos descritos acima. Para começar, a maioria dessas teorias não incorporam qualquer noção de dinâmica cerebral; desde o domínio de milissegundos, no qual circuitos neurais operam normalmente, até a escala temporal em que plasticidade ocorre e comportamentos são gerados, a dinâmica cerebral tem sido quase que totalmente ignorada durante quase um século de pesquisa neurocientífica. Tanto o conceito de "tempo" e as diversas manifestações de tempo neuronal nunca fizeram parte do dogma central da neurociência clássica, que permanece dominado por conceitos espaciais, como colunas e mapas corticais, e a sistemática e interminável descrição de propriedades peculiares de alguns tipos de neurônios.

Em 2011, um dos autores (MN) publicou um livro contendo uma tentativa preliminar de formular uma teoria sobre o funcionamento do cérebro que pudesse encampar todos os achados principais obtidos com a técnica de registros de múltiplos eletrodos em animais despertos (Nicolelis 2011). Inicialmente, essa teoria propõe que"

*"...do ponto de vista fisiológico, e em contraste direto com o clássico cânone da neuroanatomia cortical do século XX, não existem bordas espaciais absolutas ou fixas entre as áreas corticais que ditam ou restringem o funcionamento do córtex como um todo. Ao contrário, o córtex deve ser tratado como um formidável, mas finito, continuum espaço-temporal. Funções e comportamentos são alocados ou produzidos respectivamente por meio do recrutamento particular desse continuum de acordo com um série de restrições, entre as quais se encontram a história evolutiva da espécie, o layout físico do cérebro determinado pela genética e pelo processo ontológico, o estado da periferia sensorial, o estado dinâmico interno do cérebro, restrições do corpo que contém o cérebro, o contexto da tarefa, a quantidade total de energia disponível para o cérebro e a velocidade máxima de disparo de um neurônio."*

Por si só, a proposição do conceito da existência de um continuum espaço-temporal neuronal, como forma de descrever um novo modelo de operação do córtex já poderia ter sido considerado uma mudança radical em relação ao dogma clássico da neurociência. Porém, essa ideia levou à formulação de uma teoria mais abrangente que, por razões que ficarão aparentes no próximo capítulo, foi chamada de Teoria do Cérebro Relativístico. De acordo com a formulação original dessa teoria:

*"...quando confrontado com novas formas de obter informação sobre a estatística do mundo que o cerca, o cérebro de um indivíduo assimila imediatamente essa estatística, da mesma forma que os sensores e as ferramentas utilizadas para obtê-la. Desse processo resulta um novo modelo neural do mundo, uma nova simulação neural da noção de corpo e uma nova série de limites ou fronteiras que definem a percepção da realidade e do senso do eu. Esse novo modelo cerebral será testado e remodelado continuamente, por toda a vida desse indivíduo. Como a quantidade total de energia que o cérebro consome e a velocidade máxima de disparo dos neurônios são fixas, propõe-se que, durante a operação do cérebro, tanto o espaço como o tempo neural são relativizados de acordo com essas constantes biológicas".*

Mas como esse continuum espaço-temporal emerge? Qual é a "cola" que o mantém funcionando? Qual é a base anatômica para apoiar esse modelo funcional? Que fenômenos neurofisiológicos e comportamentais podem melhor explicar essa nova tese? Quais são as predições principais feitas por essa teoria que podem ser usadas para falsificá-la ou validá-la?

Nos últimos quatro anos, os dois autores desta monografia se engajaram na tarefa de refinar e expandir a versão original da teoria do cérebro relativístico. Parte desse trabalho envolveu a busca de respostas para as perguntas explicitadas no parágrafo anterior. Um resumo do resultado desse esforço é o tema central do próximo capítulo.

## CAPÍTULO 2 - A Teoria do Cérebro Relativístico: seus princípios e predições

A teoria do cérebro relativístico (TCR) é uma teoria científica que introduz uma série de predições sobre o funcionamento do cérebro de mamíferos e, em particular, do sistema nervoso de primatas e do homem. Como essas predições podem ser testadas experimentalmente (Apêndice I), a TCR pode ser demonstrada ou rejeitada experimentalmente. A teoria também sugere novos mecanismos fisiológicos para explicar uma série de achados experimentais e observações neurológicas em pacientes. Além disso, a TCR propõe novas linhas de pesquisa multidisciplinar na interface da neurociência e a ciência da computação.

De acordo com a TCR, sistemas nervosos complexos como o nosso geram, processam e estocam informação através de interações recursivas de um sistema computacional híbrido digital-analógico (HDACE, do inglês Hybrid Digital-Analog Computational Engine). Nesse HDACE, o componente digital é definido pelos potenciais de ação produzidos por redes de neurônios distribuídos por todo o cérebro, enquanto o componente analógico é formado pela superimposição de campos eletromagnéticos neurais (NEMFs, do inglês, neural electromagnetic fields)[1] gerados pelo fluxo de cargas elétricas pelos múltiplos feixes circulares de nervos quem formam a substância branca do cérebro.

A TCR propõe que a combinação desses NEMFs gera a "cola fisiológica" requerida para a formação do continuum

---

[1] A computação analógica foi muito estudada na década de 1950 quando era chamada de computação de campos. A interação de campos pode produzir somação através de superimposição linear, convolução, transformada de Fourier, wavelets, transformada de Laplace etc. Um campo eletromagnético é formado por um número incontável e infinito de pontos. Como tanto, ele não pode ser processado através de número finito de passos.

espaço-temporal cerebral. Por sua vez, esse continuum espaço-temporal define o que nós chamamos de "mental space", o substrato analógico neural de onde emergem todas as funções cerebrais superiores ou mais complexas. A Figura 2.1 ilustra de forma simplificada a operação desse HDACE como um sistema altamente recursivo no qual NEMFs também influenciam, por indução, os mesmos neurônios que participaram da sua criação, da mesma forma que, mas numa escala diferente, uma tempestade magnética solar induz a produção de raios na Terra.

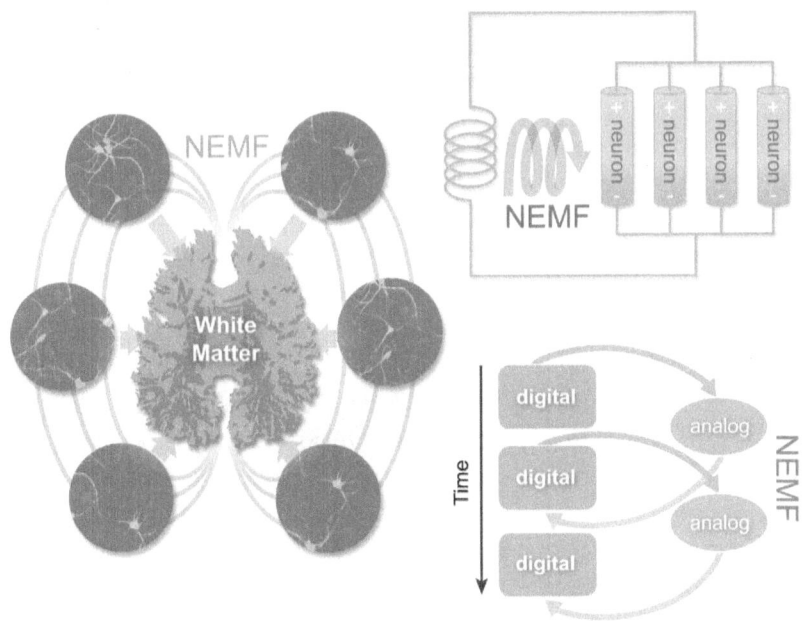

Figura 2.1 – Múltiplas representações do sistema computacional híbrido digital-analógico (HDACE) proposto pela Teoria do Cérebro Relativístico. (A) Grupos distribuídos de neurônios produzem signais elétricos que são transmitidos através de uma vasta rede de fibras neurais, coletivamente chamada de substância branca, de onde se origina o componente digital do HDACE. Quando os sinais elétricos fluem através das "bobinas" da substância branca, eles geram um padrão complexo multidimensional de campos eletromagnéticos (NEMFs), que definem o componente analógico do HDACE. Os NEMFs, por sua vez, influenciam o comportamento de grupos neuronais que criaram esses campos eletromagnéticos. O mesmo conceito é ilustrado em (B) usando um circuito elétrico equivalente, onde grupos de neurônios

funcionam como baterias e "bobinas" de substância branca geram o campo eletromagnético. (C) diagrama de blocos representa a natureza e dinâmica recursiva do HDACE mostrando que uma vez que grupos de neurônios (componente digital) geram um NEMF (componente analógico) enquanto esse último influencia o mesmo grupo de neurônios num momento diferente do tempo, definindo um estado cerebral interno distinto.

Nessa altura, é importante enfatizar que embora outros sinais analógicos existam no cérebro (como os potenciais sinápticos e de membrana), o nosso foco nesta monografia se restringe a sinais analógicos capazes de gerar propriedades emergentes distribuídas por todo cérebro e não apenas fenômenos locais.[2]

Em termos gerais, o HDACE define um sistema computacional integrado. Nesse modelo, os NEMFs representariam a materialização das propriedades neurais emergentes postuladas por neurobiologistas como sendo responsáveis para a gênese de funções cerebrais superiores, incluindo a nossa percepção sensorial, nossa capacidade de sentir dor, o nosso senso de ser e a nossa consciência. NEMFs também serviriam para potenciar a capacidade do cérebro em usar informações provenientes do mundo exterior (e do interior do corpo) para reconfigurar os seus próprios circuitos neurais, uma propriedade conhecida como "eficiência causal" que se manifesta através do princípio da plasticidade, discutido no Capítulo 1. Em última análise, essa reconfiguração continua do cérebro é essencial para a preservação da entropia negativa requerida para manter um organismo vivo.

Do ponto de vista neurobiológico, múltiplos achados experimentais e clínicos são consistentes tanto com a existência disseminada de NEMFs como com a sua participação em processos neurofisiológicos essenciais para o funcionamento do cérebro, como proposto pela TCR. Para começar, campos elétricos corticais têm sido registrados desde a metade dos anos 1920, através de uma técnica conhecida como

---

[2] O HDACE não exclui outros níveis de computação dentro de outros componentes do cérebro.

eletroencefalografia (Berger 1929). Da mesma forma, campos magnéticos cerebrais têm sido medidos através de um método chamado magnetoencefalografia (Papanicolaou 2009). Todavia, essas últimas medidas se restringem a campos magnéticos corticais. A TCR prevê, todavia, a existência de NEMFs subcorticais, espalhados por todo o cérebro. Apesar de possuírem uma magnitude pequena, esses NEMFs poderiam ser gerados pelos números feixes circulares de nervos que conectam o córtex com estruturas subcorticais. A Figura 2.2 exibe uma fotografia do cérebro humano obtida através do método de imagem do tensor de difusão.

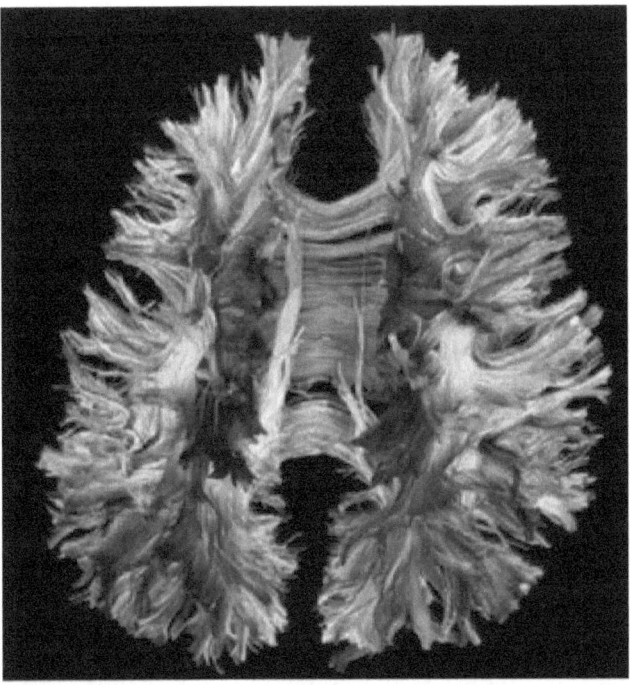

Figura 2.2 - Imagem obtida com a técnica de difusão de tensores, ilustrando os principais feixes de substância branca do cérebro humano. Publicado em Englander ZA et. al. Neuroimage: Clinical 2:440-447, 2013, com permissão de Elsevier Publishing.

Essa imagem ilustra como os principais feixes de axônios (nervos), que formam a substância branca do cérebro, definem uma miríade de "bobinas biológicas" de onde podem emergir NEMFs extremamente complexos.

Embora ainda não haja evidências experimentais comprovando a existência de NEMFs subcorticais, algumas pistas indiretas sugerem que eles, em combinação com NEMFs corticais, podem desempenhar um papel importante no estabelecimento de uma sincronia neuronal coerente e disseminada (Anastassiou, Montgomery, et. al., 2010)[3], dando origem ao continuum espaço-temporal neuronal previsto pela TCR. Consistente com esse cenário, nas últimas três décadas vários laboratórios documentaram a existência de oscilações neuronais síncronas, espalhadas por todo córtex visual, na faixa de frequência gama (25-100Hz) (Engel, Fries et. al., 2001). Esse achado serviu como base de uma possível solução para o "problema da fusão" (do inglês binding problem) (von der Malsburg 1995).

A TCR também oferece uma solução possível para o "problema da fusão" ao propor que o cérebro não precisa reconstruir a imagem original do mundo exterior, amostrada pelos olhos, a partir da "fusão a posteriori" (depois da ocorrência do estímulo) de cada um dos atributos (cor, orientação, forma, etc.) visuais dessa imagem (von der Malsburg, 1995). Ao invés, a nossa teoria propõe que, em cada momento no tempo, o cérebro gera a sua própria hipótese analógica daquilo que ele "espera ver", construindo um "computador analógico neural" à frente de qualquer encontro com um novo estímulo. Assim, para distinguir essa operação do problema da fusão clássico, nós passaremos a referir a esse fenômeno como "expectativa a priori" de um cérebro relativístico. Nesse novo paradigma, sinais periféricos que ascendem pelas vias sensoriais interferem com esse

---

[3] Esses autores demonstraram o efeito de campos elétricos espacialmente não homogêneos em grupos de neurônios. Eles também mostraram que NEMFs gerados pela cooperação de células cerebrais podem afetar a precisão temporal da atividade neural.

"computador analógico neural" – que define a "expectativa a priori" criada pelo cérebro – e é o resultado dessa colisão que produz a imagem que emerge das nossas mentes. Esse modo de operação cerebral, sugerido pela TCR, não só difere das soluções propostas até hoje para o problema da fusão, como ele também é frontalmente incompatível com um modelo computacionalista e digital do cérebro (Copeland 1998).

Na realidade, o problema da fusão sensorial só surgiu porque o modelo "feed-forward" do sistema visual originariamente descrito por David Hubel e Torsten Wiesel (Hubel 1995) obrigatoriamente requer a existência de algum mecanismo fisiológico capaz de realizar a síntese necessária para que múltiplos atributos visuais independentes possam se fundir no processo de percepção de uma cena visual complexa. Essa obrigatoriedade por um mecanismo sintático, todavia, desaparece completamente com a introdução de uma visão relativística do cérebro, fazendo com que o problema da fusão se torne completamente irrelevante.

Em experimentos realizados em ratos treinados para realizar uma tarefa de discriminação tátil (Pais-Vieira, Lebedev et. al., 2013), observou-se a existência de altos níveis de atividade neuronal antecipatória, isto é, antes de o animal encostar as suas vibrissas faciais nas extremidades de uma abertura definida por duas barras metálicas. Esse crescente aumento de atividade elétrica neuronal precede, por centenas de milissegundos, o contato das vibrissas com o alvo (veja Fig. 1.3 no Capítulo 1). Uma análise mais detalhada revelou que essa atividade elétrica síncrona envolve quase todo o neocórtex, espalhando-se do córtex pré-frontal, motor, somestésico, parietal e chegando até o córtex visual. Além disso, todos os núcleos talâmicos envolvidos no processamento de informação tátil exibem o mesmo tipo de atividade antecipatória observada a nível cortical (Pais-Vieira, Lebedev et. al., 2013). Curiosamente, alteração dessa atividade antecipatória produz uma queda na performance de ratos numa tarefa envolvendo discriminação tátil (Pais-Vieira, Lebedev et al. 2013). Para a TCR, a presença dessa atividade neuronal antecipatória representa uma das manifestações do "ponto de vista interno do cérebro"; o modelo interno do mundo criado ao longo de toda a vida de um indivíduo que, a cada novo evento comportamental ou encontro com um novo estímulo sensorial, manifesta a si mesmo como uma série de predições ou expectativas daquilo que o animal pode ter pela frente (Nicolelis 2011).

Mesmo quando ratos não estão engajados numa tarefa comportamental, mas permanecem imóveis nas quatro patas, num estado de vigília atenta, oscilações síncronas da atividade neural podem ser observadas nas regiões corticais e subcorticais que definem o sistema somestésico (Nicolelis, Baccala et. al., 1995). Esses salvos de disparos síncronos na faixa de 7-12Hz tendem a se originar no córtex motor e somestésico, mas logo se espalham por múltiplos núcleos talâmicos e também em subnúcleos do complexo trigeminal do tronco cerebral (Figura 2.3)

Ao introduzir o conceito do "ponto de vista do cérebro" como um dos seus pilares centrais, a teoria do cérebro relativístico também fornece uma explicação fisiológica para os achados experimentais que deram origem ao princípio da contextualização discutido no Capítulo 1. De acordo com esse princípio, uma mesma mensagem sensorial – um flash de luz ou um estímulo tátil – pode ser representada de forma muito distinta por um neurônio ou por uma população neural, dependendo se o animal que recebe essa mensagem está anestesiado, desperto e imóvel ou totalmente engajado numa exploração ativa do ambiente ao seu redor (veja Figura 1.2 no Capítulo 1)

A teoria do cérebro relativístico propõe que isso ocorre porque, sob cada uma dessas condições, o estado dinâmico interno do cérebro é diferente. Dessa forma, a manifestação do "ponto de vista do cérebro" varia dramaticamente de um animal anestesiado (onde ele colapsa a sua dimensão mais restrita), para um desperto e ativamente envolvido na exploração do mundo exterior (quando o ponto de vista do cérebro se expressa de forma plena). Uma vez que a resposta do cérebro para um mesmo estímulo sensorial, a cada momento no tempo, depende do resultado da interferência da mensagem sensorial que ascende pelas vias sensoriais com o modelo interno do mundo criado pelo cérebro, as respostas neuronais evocadas pelo estímulo devem variar dramaticamente quando animais anestesiados são comparados com ratos despertos e ativos. Esse é exatamente o resultado que foi obtido numa variedade de estudos envolvendo os sistemas somestésicos, gustatório, auditível e visual.

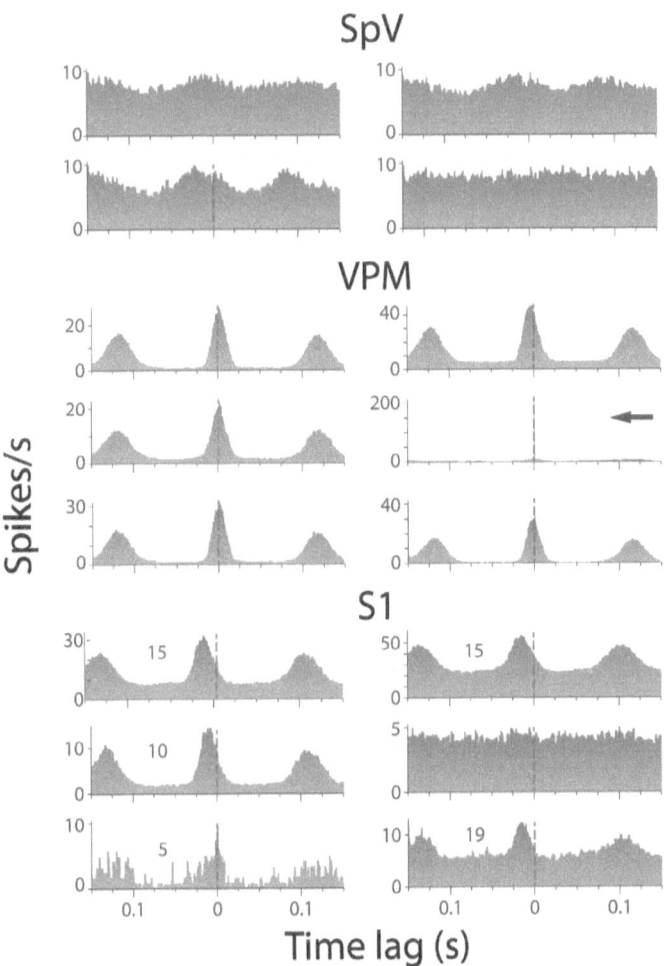

Figura 2.3 – Oscilações neuronais no range de frequência 7-12Hz podem ser identificadas em múltiplas estruturas do sistema trigeminal de ratos. (A) Cross-correlogramas (CCs), calculados para 16 de um total de 48 neurônios registrados simultaneamente revelam oscilações no intervalo de 7-12Hz em três níveis de processamento das via trigeminal. (SPV) núcleo espinal do

sistema trigeminal, (VPM) núcleo ventroposterior medial e (S1) córtex somestésico primário. Todos CCs centrados ao redor da atividade de um neurônio VPM que foi usado como referência. Publicado originariamente em Nicolelis et. al. Scinece 268: 1353-1358, 1995.

Um volume considerável de dados clínicos também dão suporte à hipótese de existência de uma componente de processamento analógico cerebral. Por exemplo, um conjunto de fenômenos, agrupados sob a rubrica de distúrbios do esquema corporal, é plenamente consistente com a TCR e a existência de um HDACE no cérebro. O mais prevalente desses fenômenos, a síndrome do membro fantasma, se refere à clássica observação de que pacientes que sofrem a amputação de um braço ou perna continuam a experimentar a presença desse membro depois da sua remoção. A maioria dos pacientes amputados não só sentem a presença do membro removido, mas frequentemente eles relatam sentir dor intensa originando de uma parte do corpo que não existe mais (Mezack 1973).

Um outro exemplo de alteração transiente do esquema corpóreo é ilustrado pela chamada "ilusão da mão de borracha". Essa ilusão se manifesta quando um sujeito relata a clara sensação de que uma mão de borracha, extraída de uma boneca ou manequim de loja, é na realidade a sua própria mão biológica (Botvinick e Cohen 1998). Essa ilusão é induzida através do seguinte procedimento: primeiramente, uma barreira opaca é posicionada na frente do voluntário de forma a remover uma das suas mãos do seu campo de visão. A seguir, uma mão (e braço) de manequim é colocada na frente do voluntário, numa posição que poderia ser ocupada pela mão do sujeito. A partir daí, tanto os dedos da mão do sujeito que foi ocluída da sua visão como os dedos da mão artificial posicionada à sua frente e totalmente visível são tocadas simultaneamente pelo experimentador – que usa dois pequenos pincéis para realizar essa tarefa – por um período de 3-5 minutos. Quando, de repente, o experimentador interrompe a estimulação da mão ocluída do voluntário, mas continua a tocar apenas a mão do manequim, a vasta maioria dos indivíduos testados experimenta a ilusão de sentir que a mão de manequim – a mão de borracha – passou a ser a sua mão biológica, aquela com a qual eles sentem o toque do pincel usado pelo experimentado!

Recentemente, experimentos realizados em macacos, usando um paradigma inspirado no procedimento usado para produzir a ilusão da mão de borracha, demonstraram que, alguns segundos depois que a mão natural de um macaco deixa de ser estimulada tatilmente, mas uma mão virtual, projetada numa tela de computador colocada na frente do macaco, continua a ser tocada por um objeto virtual, mais de um terço dos neurônios do córtex somestésico desses primatas continua a responder ao estímulo visual gerado pelos "toques virtuais" da "mão virtual", como se o braço biológico do animal continuasse a ser estimulado (Shokur, O'Doherty et. al, 2013).

Tanto a sensação do membro fantasma como a ilusão da mão de borracha sugerem que o nosso cérebro contém uma "imagem interna contínua do corpo" que pode ser modificada rapidamente como resultado de novas experiências. Ronald Melzack batizou essa "imagem do corpo" mantida pelo cérebro com o termo de "neuromatrix" (Melzack 1999), sem, todavia, oferecer uma clara hipótese sobre qual seria o seu substrato fisiológico.

O conceito de "imagem do corpo" é um componente chave do conceito do "senso de ser". De acordo com a teoria do cérebro relativístico, o HDACE poderia responder facilmente pelo mecanismo neurofisiológico que explica esses fenômenos ao propor que o senso de ser e a "imagem do corpo" emergem da interação de NEMFs gerados pela contínua combinação da atividade elétrica de múltiplas áreas corticais e subcorticais envolvidas na representação cerebral da configuração corporal de cada um de nós. Uma vez que nenhuma aferência sensorial pode ser gerada quer por um membro amputado ou por uma mão de borracha, o esquema corporal e o senso de ser só podem ser descritos como uma expectativa criada pelo cérebro – um tipo de abstração analógica – que descreve a configuração e limites físicos do corpo de um indivíduo. Assim, uma vez que o cérebro cria internamente uma expectativa do que o corpo de um indivíduo deve conter – por exemplo, dois braços -, baseado em informações genéticas e memórias de experiências sensoriais ocorridas previamente, mesmo quando um dos braços desse sujeito é amputado – ou sua presença no campo visual é bloqueada – ele continua a experimentar a sensação de que o braço removido continua a fazer parte do seu corpo.

Mais evidências indiretas que apoiam a hipótese de que o senso de ser emerge de interações híbridas digito-analógicas, mediadas por redes neurais distribuídas e NEMF produzidos a nível cortical, foram obtidas pela demonstração de que estimulação magnética transcraniana (TMS) pode modular o fenômeno de "desvio proprioceptivo" observado durante a ilusão da mão de borracha (Tsakiris, Constantini et. al, 2008). Desvio proprioceptivo é o nome dado à sensação de que o braço natural do sujeito se move em direção ao braço/mão de borracha durante a ocorrência da ilusão. Se pulsos desorganizadores de TMS são aplicados na junção dos lobos temporal e parietal do córtex, 350 ms depois da indução da ilusão da mão de borracha, indivíduos relatam uma diminuição significativa do desvio proprioceptivo quando comparado com períodos sem a presença de TMS (Tsakiris, Constantini et. al., 2008).

Além disso, TMS aplicada no córtex visual de pacientes cegos pode induzir sensações táteis normais e mesmo anormais, como parestesias. Em pacientes cegos engajados na leitura de caracteres da linguagem Braille, TMS aplicada no córtex visual também pode reduzir a capacidade desses pacientes em reconhecer as letras em relevo (Cohen, Celnik et. al. 1997; Kupers, Pappens et. al. 2007).

Um outro exemplo que ilustra bem quão complexas podem ser as experiências mentais geradas pelas interações dos NEMFs que definem o nosso conceito de "espaço mental" é a sensação de dor. Embora neurônios associados com diferentes aspectos do processamento de informação nociceptiva tenham sido identificados ao longo de todo o sistema nervoso, como uma sensação integrada de dor emerge desse vasto circuito neural distribuído permanece sendo um grande mistério. Por exemplo, não é possível gerar a sensação de dor através da estimulação de qualquer área do neocórtex, apesar das vias que transmitem informação nociceptiva da periferia convergirem no córtex somestésico. De acordo com a teoria do cérebro relativístico, tal dificuldade em identificar uma fonte precisa para a geração da dor resulta do fato que essa sensação emerge da interação distribuída de NEMFs gerados pela atividade elétrica neural de múltiplas estruturas corticais e subcorticais. Na nossa terminologia relativística, a sensação de dor resulta de uma "dobradura multidimensional do espaço mental" que permite que múltiplos fatores (por exemplo, localização, intensidade, referências mnemônicas, conteúdo emocional etc.) sejam combinados com o objetivo de formatar o continuum espaço-temporal de forma a permitir que uma percepção integrada da sensação de dor seja experimentada. Ao assumir que a percepção da dor emerge do componente analógico do HDACE, como resultado de uma ampla combinação de sinais neurais digitais e vestígios mnemônicos, distribuídos por todo o cérebro, que se misturam para gerar NEMFs específicos, pode-se mais facilmente identificar um mecanismo fisiológico a partir do qual o contexto emocional e a vida pregressa de um indivíduo podem contribuir de forma importante para modular os sinais nociceptivos que ascendem da periferia do corpo e definir todo o qualia associado a um dado episódio de dor.

 A teoria do cérebro relativístico também propõe que o "espaço mental" está encarregado de "registrar os resultados de sua "atividade computacional", realizada no domínio analógico, no substrato orgânico que define o componente digital do cérebro: os circuitos neurais. Essa proposta é consistente com a noção que memórias são consolidadas no neocórtex durante episódios de movimentos rápidos dos olhos (REM (Ribeiro, Gervasoni et. al, 2004), um componente do ciclo sono-vigília caracterizado pela atividade onírica e a integração de experiências adquiridas durante o período de vigília anterior. Na nossa visão, os sonhos nada mais são do que exemplos de computadores analógicos neurais criados com o propósito de, entre outras coisas, reorganizar e estocar memórias a nível cortical.

Vários fatores limitam o formato e a dinâmica do "espaço mental", como definido nesta monografia. Entre outros, nós podemos citar: a distribuição espacial e a composição celular de grupos de neurônios na configuração tridimensional do cérebro, as características estruturais dos feixes e "loops" de nervos que conectam os diversos grupos de neurônios, o orçamento energético disponível para o cérebro, os neurotransmissores usados pelo tecido neural, bem como o espectro de experiências mentais estocadas no formato de memórias. Ainda assim, e a despeito do alto grau de complexidade que pode emergir desse espaço mental, na nossa visão ele ainda pode ser passível de análise matemática. Na realidade, nós propomos que a geometria e topologia desse "espaço mental", que define um continuum multidimensional, poderia, em teoria, ser investigado formalmente do ponto de vista matemático. Uma pista do tipo de abordagem matemática que poderia ser usada para analisar esse "espaço mental" é oferecida pela observação de que esse continuum espaço-temporal pode se "deformar" durante um grande número de experiências, por exemplo, quando nós sonhamos, experimentamos ilusões, ou sofremos algum tipo de alucinação gerada pelo consumo de drogas alucinógenas (por exemplo, LSD) ou somos acometidos por algum distúrbio mental (esquizofrenia). Deformações do "espaço mental" poderiam explicar por que, durante todas as experiências mentais listadas acima, a noção de espaço, tempo, e mesmo as nossas sensações corpóreas, movimentos e senso de ser podem ser profundamente alterados. Por exemplo, uma pessoa sob a influência de LSD pode pensar que a calçada na qual ele se encontra passou a ser feita de água e que, portanto, segundo essa impressão, ele será capaz de mergulhar de cabeça num chão de puro concreto. Essa deformação do espaço e tempo sugere que a geometria governando o funcionamento do "espaço mental" seria mais Riemanniana que Euclidiana. Como tal, um tipo de álgebra especial poderia ser empregado para analisar as experiências mentais que mediam o aprendizado de novos conceitos e comportamentos, bem como a "gravação neural" de novas memórias realizadas por NEMFs nos circuitos neurais.

Até onde nós podemos confirmar, essa é a primeira vez que uma teoria propõe uma definição física específica para as chamadas funções cerebrais superiores, ao considerá-las como propriedades emergentes geradas por NEMFs, e uma possível descrição matemática, através da análise da geometria e topologia do "espaço mental". Portanto, caso ela seja validada experimentalmente, a teoria do cérebro relativístico oferecerá uma visão radicalmente distinta tanto para o funcionamento normal como para os estados patológicos do cérebro.

A teoria do cérebro relativístico também introduz um mecanismo neurobiológico capaz de gerar abstrações e generalizações rapidamente, algo que um sistema digital levaria muito tempo tentando replicar. Além disso, os NEMFs que mediam a geração de um dado comportamento podem, em teoria, ser criados por diferentes combinações de neurônios, em diferentes momentos no tempo. Tal propriedade oferece um subsídio fisiológico para o princípio da redundância neuronal descrito no Capítulo 1. Em outras palavras, grupos neuronais distintos podem gerar um mesmo "computador cerebral analógico" em diferentes momentos. Pela mesma lógica, dentro do HDCAE que nós imaginamos, grupos de neurônios distintos poderiam ser recrutados por NEMFs para estocar o produto obtido por uma operação analógica interna do cérebro. Esse modo de operação é consistente com a noção que memórias de longo prazo são estocadas de forma distribuída no tecido cortical. Da mesma forma, sem postular a existência de um componente cerebral analógico, seria muito difícil explicar como circuitos neurais complexos, cuja microconectividade está sendo continuamente modificada, podem recuperar memórias específicas de forma virtualmente instantânea ao longo de todas as nossas vidas.

Em resumo, a teoria do cérebro relativístico prevê que processos não computáveis, como a percepção, planejamento motor complexo e a recuperação de memórias ocorre no domínio analógico, graças ao surgimento de um mecanismo computacional analógico neural, formado por campos magnéticos neurais que variam continuamente no tempo. A mistura desses

NEMFs, portanto, define o que nós chamamos de "espaço mental", um espaço dentro do qual todas as atividades mentais relevantes de um cérebro ocorrem, ao longo de toda a vida de um indivíduo. O conteúdo desse espaço mental é essencialmente o quê um ser humano descreve quando ele relata verbalmente sobre si mesmo e sua visão de mundo.

No todo, a existência de um componente analógico também confere ao cérebro animal um outro nível de potencial de adaptação plástica. Essa propriedade também explicaria uma série de relatos que sugerem que boa parte do neocórtex tem uma natureza multissensorial (Ghazanfar e Schroeder 2006; Nicolelis 2011). Assim, se nós assumimos que NEMFs podem "fundir" o espaço e o tempo neuronal para formar um continuum a nível cortical, como resultado da geração de uma série de expectativas "a priori", em teoria, qualquer parte do córtex poderia ser recrutado para mediar, pelo menos parcialmente, uma função de grande importância no "espaço mental". Essa poderia ser a explicação, por exemplo, por que o córtex visual de indivíduos que sofrem algum tipo de restrição visual, temporária (por exemplo, uso de uma venda) ou permanente (cegueira), é rapidamente recrutado para o processamento de informações táteis (Cohen, Celnik et. al, 1997), especialmente quando esses pacientes aprendem a ler Braille, usando as pontas dos dedos para explorar as letras em relevo dessa linguagem (sadato, Pascual-Leone et. al, 1996). O grau de flexibilidade e redundância que esse tipo de mecanismo oferece ao cérebro confere um grau de vantagem evolucional que não se compara ao que se esperaria se o sistema nervoso fosse definido apenas como um sistema digital.

Nessa altura, é importante enfatizar que a nossa teoria não exclui a existência de outros tipos possíveis de computação associadas a diferentes substratos orgânicos, que poderiam ocorrer em outros níveis organizacionais do sistema nervoso, por exemplo, dentro de neurônios individuais, ou de uma organela, ou de uma proteína da membrana celular.

Além de propor uma nova visão para o funcionamento normal do cérebro, a teoria do cérebro relativístico também oferece uma série de predições clínicas. Por exemplo, ela sugere que a maioria, se não todas, as doenças neurológicas e psiquiátricas podem ser vistas como distúrbios produzidos por uma "dobradura patológica" do continuum espaço-temporal neural. Recentes estudos em modelos experimentais da doença de Parkinson (Fuentes, Peterson et. al. 2009; Santana, Halje et. al. 2014: Yadva, Fuentes et. al. 2014) e de doenças psiquiátricas realizados no laboratório de um dos autores (MN) durante a última década sugerem que sintomas neurológicos podem surgir como resultado de um nível patológico de atividade neuronal síncrona, produzido por diferentes circuitos neurais. De acordo com essa visão, doenças mentais são a consequência de uma "dobradura" inapropriada do continuum espaço-temporal que define o "espaço mental". Assim, níveis anormais de sincronização neuronal poderiam ser a causa central não só da ruptura do funcionamento apropriado de circuitos cerebrais específicos, como o sistema motor no caso da doença de Parkinson, mas também prejudicar a geração de NEMFs essenciais para a manutenção apropriada das funções mentais superiores. Esse último efeito poderia explicar as profundas mudanças em humor, senso de realidade, personalidade e sintomas como alucinações e pensamento paranoico que caracterizam uma variedade de distúrbios psiquiátricos.

Em uma outra classe de distúrbios do sistema nervoso central, alterações na formação das conexões cortico-corticais de longa distância ou outras vias neurais que formam a substância branca durante as fases inicias de desenvolvimento do cérebro poderiam prejudicar, entre outras coisas, o estabelecimento das "bobinas biológicas" que são responsáveis pela geração dos campos electromagnéticos neurais. Tal comprometimento estrutural poderia gerar obstáculos irreversíveis para o processo de integração distribuída de informação multissensorial pelo continuum espaço-temporal cortical, um componente essencial na formação do "espaço mental". Essa desconexão, associada com o estabelecimento de grupos de neurônios que expressam um exacerbado nível de sincronia local, poderia ser responsável por uma série de sintomas observados, por exemplo, em síndromes neurológicas que se manifestam nas fases iniciais do desenvolvimento humano. Evidência em favor dessa hipótese foi recentemente obtida através de estudos de imagem cerebral que detectaram a presença de malformações em grandes tratos intracorticais, que são essenciais para integração de informação dentro do neocórtex, em pacientes com autismo e paralisia cerebral (Bakhtiari, Zurcher et. al, 2012; Englander, Pizoli et. al, 2013).

No mesmo contexto, o desengajamento temporário das mesmas projeções cortico-corticais de longa distância poderia explicar por que nós perdemos a nossa consciência durante as fases do sono conhecidas como sono de ondas lentas e período dos fusos, durante uma anestesia geral. Durante o sono de ondas lentas, oscilações neurais na faixa de 0.1-1.0Hz dominam o circuito formado pelas conexões recíprocas entre o córtex e tálamo. Essas oscilações estão associadas com o estado de torpor que precede o começo de um novo ciclo de sono. Já na fase de fusos, oscilações neurais na faixa de 7-14Hz causam uma "desconexão funcional" entre o tálamo e o córtex que basicamente impede que informação sensorial proveniente da periferia do corpo possa atingir o córtex. Por outro lado, oscilações neurais na faixa gama (40-60Hz) estão correlacionadas com a fase de sono REM e com o estado de vigília. Assim, na visão da teoria do cérebro relativístico, as experiências perceptuais que ocorrem durante a vigília e a atividade onírica requerem o engajamento pleno das "bobinas biológicas" do cérebro – isto é, os feixes circulares de nervos de longo alcance da substância branca – na transmissão de oscilações neurais de alta frequência (gama) para que seja possível gerar as combinações complexas de NEMFs que, ao construirem o mecanismo computacional analógico do cerne do cérebro, em última análise, respondem tanto pela riqueza como pelo caráter imprevisível das nossas experiências conscientes. Essa propriedade pode também explicar porque o senso de ser, a sensação de existir, de habitar um corpo que é distinto do resto do mundo só começa a ficar aparente em bebês, não ao nascimento, mas após vários meses de vida (Papousek and Papousek 1974). De acordo com a nossa teoria, esse seria o tempo necessário para a maturação de uma quantidade significativa da substância branca e para que esses feixes de nervos adquirissem a capacidade de gerar o tipo de NEMFs distribuídos que são necessários para o senso de ser emergir e manifestar-se conscientemente.

## Teorias cerebrais baseadas em campos electromagnéticos

À essa altura é importante mencionar que, historicamente, vários experimentos e teorias enfatizaram a existência e o potencial papel fisiológico desempenhado por NEMFs. Por exemplo, num estudo seminal, realizado em 1942, Angelique Arvanitaki demonstrou que, quando axônios gigantes de lula eram colocados próximos um do outro, num meio com condutividade reduzida, um axônio podia ser despolarizado pela atividade gerada por uma fibra nervosa vizinha. Esse experimento clássico estabeleceu, pela primeira vez, a existência das interações neurais ditas "de contato".

Mais de meio século depois, em 1995, Jeffrery realizou experimentos para investigar os efeitos em neurônios de campos elétricos tanto endógenos do sistema nervoso quanto aqueles aplicados externamente. Esse autor demonstrou que a excitabilidade neuronal pode ser alterada por campos elétricos com magnitude de apenas alguns milivolts por milímetro (Jefferys 1995).

Durante os anos 1990, o laboratório de Wolf Singer na Alemanha demonstrou que neurônios no córtex visual de macacos disparavam sincronamente quando duas barras, mostradas numa tela de computador, moviam-se conjuntamente numa mesma direção. Os mesmos neurônios disparavam de forma assíncrona quando as duas barras se moviam em direções diferentes (Kreitne e Singer, 1996). Uma década mais tarde, em 2005, Andreas Engel, um ex-aluno de Wolf Singer, mostrou que NEMFs estavam relacionados ao nível de atenção e alerta (Debener, Ullsperger et. al. 2005).

À medida que mais achados implicando NEMFs com a capacidade de induzir disparos em neurônios apareceram na literatura neurocientífica, o interesse em teorias da função cerebral baseada em campos eletromagnéticos aumentou consideravelmente. Assim, em 2000, Susan Pocket publicou a sua teoria da consciência baseada em campos eletromagnéticos (Pockett 2000). Quase simultaneamente, E. Roy John, um neurofisiologista da Universidade de Nova Yorque, apresentou a sua versão de uma teoria de campos para o funcionamento do cérebro (John 2001). Em 2002, foi a vez de Johnjoe McFadden publicar o seu primeiro artigo descrevendo a teoria da consciência baseada em campos eletromagnéticos (CEMI) (McFadden 2002a; McFadden 2002b). Outras propostas, como a teoria da arquitetura operacional do cérebro-mente (Fingelkurts 2006) e a teoria da dinâmica cerebral quântica (QBD) de Mari Jibu, Kunio Yasue e Giuseppe Vitiello, também apareceram nesse período (Jibu and Yasue, 1995).

Tanto na CEMI de McFadden, como na teoria de Fingelkurts, propõe-se que os NEMFs podem influenciar a carga elétrica das membranas neurais e, consequentemente, influir na probabilidade de disparo de neurônios. Dessa forma, para alguns autores, com exceção de Susan Pocket e E. Roy John, NEMFs poderiam participar de um "loop" de retroalimentação capaz de gerar funções cerebrais superiores, incluindo a consciência e o livre arbítrio (McFadden 2002 a,b).

Um sumário dos vários achados e teorias relacionados a NEMFs incluiriam os seguintes marcos históricos:

1) A existência e registro de atividade eletromagnética cerebral, começando no final do século XIX, culminando com os primeiros registros de EEG de Berger (Berger 1929), e os primeiros registros de atividade magnética cerebral nos anos 1960.
2) Desenvolvimento dos primeiros modelos teóricos de campos elétricos extracelulares iniciado nos anos 1960.
3) Conjecturas considerando os NEMFs como a base da consciência. Nesse caso, a consciência seria considerada como uma propriedade passiva sem a expressão de eficiência causal (Pockett 2000).

4) Conjectura propondo NEMFs como um possível mecanismo para a geração da consciência, agindo retroativamente, através do mecanismo de eficiência causal, na rede de neurônios, como proposto por Johjoe McFadden na sua teoria CEMI (McFadden 2002 a,b)
5) A teoria do cérebro relativístico que considera o cérebro como um continuum espaço-temporal.

Embora à primeira vista, a teoria do cérebro relativístico possa lembrar a teoria CEMI de McFadden, ambas proposições diferem em alguns pontos chaves. Entre eles, nós poderíamos citar o conceito do "ponto de vista próprio do cérebro", a geração de expectativas "a priori", como alternativa para o mecanismo de "fusão sensorial", a proposta central de que mecanismos computacionais analógicos distintos emergem do cérebro a cada momento no tempo, e a noção que NEMFs geram o continuum espaço-temporal de onde emerge o "espaço mental". Apesar dessas e outras diferenças, a teoria do cérebro relativístico suporta a maioria das conclusões propostas pela CEMI. Além disso, todos os experimentos citados por McFadden podem ser usados para validar proposições da nossa teoria.

Ao concluir este capítulo, é importante mencionar que vários autores, entre eles William R. Uttal, Jeffrey Gray e Bernard Baars, têm sido extremamente críticos de quaisquer teorias que se valham de campos eletromagnéticos (gray 2004; Uttal 2005). A nossa resposta detalhada a esses críticos será devidamente apresentada em publicações futuras.

Finalmente, nós gostaríamos de ressaltar que o papel de NEMFs no processamento de funções cerebrais superiores também pode ser encontrado nos experimentos envolvendo interfaces cérebro-máquina (ICM) em primatas (veja Capítulo 1). Nesse paradigma, macacos aprendem a utilizar a atividade elétrica conjunta de uma amostra aleatória de 100-500 neurônios corticais para controlar diretamente os movimentos de atuadores artificiais, como braços/pernas robóticas ou virtuais. Feedback sensorial originado pelos movimentos desses atuadores podem ser transmitidos de volta para o animal, através de sinais visuais, táteis, ou mesmo pela microestimulação elétrica, aplicada diretamente no córtex somestésico do animal (O"Doherty, Lebedev et. al. 2011). Macacos rapidamente aprendem a usar tais ICMs para controlar os movimentos desses atuadores sem a necessidade de produzir movimentos dos seus próprios corpos.

A Figura 2.4 ilustra um fenômeno interessante observado durante as fases iniciais desses experimentos com ICMs quando os animais estão aprendendo a usar a atividade elétrica dos seus cérebros para mover um atuador. A inspeção da matrix de correlação exibida nessa figura revela que, durante essa fase, observa-se um aumento significativo da correlação dos disparos dos neurônios selecionados para participar do algoritmo computacional usado para movimentar o atuador artificial.

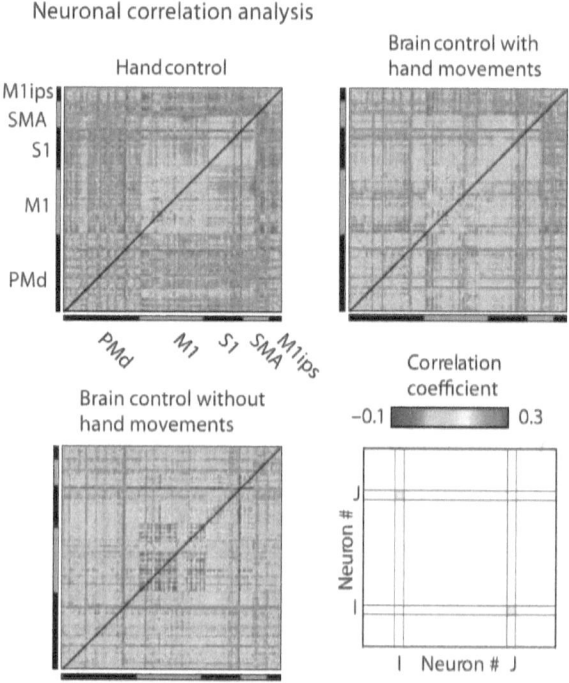

Figura 2.4 – Análise de correlações da atividade elétrica de pares neuronais extraídos de populações de neurônios registrados simultaneamente, num mesmo macaco Rheso, durante o uso de uma interface cérebro-máquina para

controle de um braço-robótico. Essas correlações aumentaram significativamente quando o macaco deixou de usar a própria mão para controlar um joystick e passou a usar apenas a sua atividade elétrica cerebral (controle cerebral direto) para controlar os movimentos de um cursor de computador. Dois tipos de controle cerebral direto foram testados: um no qual alguns movimentos do braço do animal foram permitidos e o segundo no qual nenhum movimento corporal foram observados. A magnitude das correlações neurais aumentaram quando o animal passou da primeira para a segunda forma de controle cerebral direto. Maiores valores de correlação foram obtidos para neurônios que pertenciam à mesma área cortical. M1ips, córtex motor primário ipsilateral a mão usada na tarefa, PMd, córtex premotor dorsal, S1, córtex somestésico primário, SMA, área motora suplementar. Publicado originariamente em Carmena et. al. Plos Biology 2013.

Esse aumento da correlação de disparo de neurônios ocorre tanto dentro e entre as áreas corticais de onde são amostrados aleatoriamente os neurônios usados numa ICM. À medida que o animal vai ficando proficiente na utilização de uma ICM, os níveis dessa correlação neuronal diminuem. Para nós, esse aumento transiente da correlação de disparos de populações de neurônios corticais é consistente com a existência de um sinal global intracortical de um "mecanismo computacional analógico", gerado por NEMFs produzidos pelo cérebro. De acordo com a teoria do cérebro relativístico, esse mecanismo analógico poderia ser responsável por múltiplas funções, como a fusão "a priori" do conjunto de neurônios corticais, selecionados pelo experimentador, numa unidade funcional cortical que, daí em diante, passará a controlar a ICM usada para movimentar o atuador artificial. Esse mecanismo computacional analógico poderia também prover a forma pela qual o atuador artificial (por exemplo, um braço robótico) pode ser assimilado como uma verdadeira extensão do esquema corpóreo do sujeito, através da atualização de memórias relacionadas a essa imagem corporal, estocadas no componente digital do córtex (as redes neuronais).

A Figura 2.5 ilustra um outro achado interessante, derivado dos experimentos com ICMs, a partir da análise das chamadas curvas de decaimento neuronal apresentadas na parte inferior da Figura 1.1. Esses gráficos relacionam a acurácia da predição de um dado parâmetro motor, como a posição da mão ou a força de apreensão, auferido por um modelo linear, através da combinação dos disparos elétricos de uma população neuronal amostrada simultaneamente e de forma aleatória. Curiosamente, nós observamos que, independentemente da área cortical amostrada, essas curvas de decaimento neuronal tendem a seguir o mesmo formato, definido por uma função logarítmica. Assim, dado um parâmetro motor a ser predito, a única mudança notada quando se compara áreas corticais distintas é a inclinação dessa curva logarítmica. Em outras palavras, a predição de um parâmetro cinemático, usando modelos lineares, tende a melhorar de forma linear com o logaritmo (base 10) do número total de neurônios registrados simultaneamente.

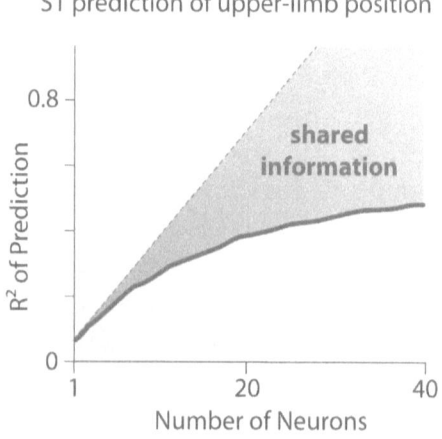

Figura 2.5 – Uma linha grossa representa a curva de decaimento neuronal obtida de uma amostra de 40 neuronios registrados simultaneamente no córtex somestésico primário de um macaco rheso. A curva ilustra a relação entre o numero de neurônios usados (eixo X) e a acurácia da predição (medida com $R^2$) da posição de um membro superior durante o uso de uma interface cérebro-máquina. Como relatado em múltiplos estudos, essa relação é definida por uma curva logarítmica. Linhas tracejadas representam uma reta teórica representando a mesma relação entre as duas variáveis. A área pintada, entre a reta e a curva logarítmica, indica a quantidade de informação compartilhada pelos neurônios registrados simultaneamente. Uma das hipóteses levantadas para explicar por que a curva experimental (linha grossa da curva logarítmica) não segue a linha reta teórica sugere que todos os neurônios corticais compartilham uma mesma fonte de "ruído biológico". A TCR propõe que parte desse ruído seria gerado por NEMFs.

A área sombreada da Figura 2.5 indica quanto dessas curvas logarítmicas divergem de uma linha reta. A explicação rotineira para essa divergência é que como neurônios corticais compartilham "ruído biológico", à medida que o número de neurônios incluídos nos modelos aumenta, as curvas resultantes tendem a se aproximar de uma função logarítmica. Todavia, a potencial fonte desse "ruído biológico" permanece misteriosa. Aqui, nos propomos, pela primeira vez, que pelo menos uma fração dessa fonte de variabilidade compartilhada emerge da ação simultânea de NEMFs corticais, agindo ao longo de todo o neocórtex.

Tendo introduzido a teoria do cérebro relativístico e sumarizado brevemente os seus princípios, nós agora mudamos o foco da discussão para detalhar as razões que nos fazem crer que essa nova visão implica na impossibilidade de se simular os cérebros de animais, inclusive o humano, usando uma máquina de Turing.

## CAPÍTULO 3 - A disparidade entre sistemas integrados como o cérebro e uma máquina de Turing

Durante as últimas seis décadas, a aplicação disseminada de computadores digitais em todos os aspectos das nossas vidas gerou a crença generalizada, tanto na sociedade como na comunidade científica, que qualquer fenômeno físico natural pode ser reduzido a um algoritmo e simulado num computador digital, o produto mais popular derivado do conceito da "máquina universal de Turing", proposto pelo matemático britânico Alan Turing (Turing 1936). Essa crença no poder ilimitado dos computadores digitais popularizou-se graças à suposição Church-Turing, cujo enunciado clássico propõe que

*"Qualquer função que é naturalmente considerada como "computável" pode ser computada por uma máquina universal de Turing"*

Essencialmente, a raiz da confusão desse enunciado reside na definição imprecisa da palavra "naturalmente"[4].

Embora a hipótese Church-Turing tenha sido originariamente idealizada apenas para modelos matemáticos (ou sistemas formais), vários autores a interpretaram como se ela definisse um limite computacional para todos os fenômenos naturais, o que implicaria dizer que nenhum sistema

---

[4] A tese de Church e Turing diz respeito a uma ferramenta em matemática e lógica. Se M é esse método, deveria ser efetiva e mecanicamente verdadeiro que M é expresso por um número finito de instruções precisas, elas mesmas formuladas por um número finito de símbolos. Para ser efetivo, M também deveria produzir um resultado num número finito de passos que podem sem executados por um ser humano sem nenhum conhecimento prévio, intuição ou outra habilidade do que aplicar o método M.

computacional físico pode exceder a capacidade de uma máquina de Turing. Todavia, os proponentes dessa extrapolação ignoraram o fato que a definição de Turing para "computabilidade" aplica-se apenas a questões relacionadas ao formalismo matemático. Dessa forma, a teoria computacional de Turing assume várias suposições que limitam a sua aplicabilidade em sistemas biológicos. Por exemplo, essa teoria assume que a representação da informação é formal, isso é, abstrata e sintética, quando, na realidade, em sistemas biológicos complexos como o cérebro, a informação está intimamente ligada à estrutura física do organismo e possui uma rica estrutura semântica (veja princípio da contextualização Capítulo 1). Essa suposição, portanto, gera a impressão equivocada que bits e bytes de informação podem representar acuradamente o amplo espectro e escopo dos processos mentais que emergem do cérebro animal[5].

Recentemente, um amplo grupo de cientistas da computação e de neurocientistas adotaram a "versão física" da suposição de Church-Turing como a principal base teórica para propor que o cérebro de qualquer animal, incluindo o sistema nervoso humano, pode ser reduzido a um algoritmo e simulado em um computador digital. De acordo com essa visão, a abordagem bem-sucedida de utilizar simulações para estudar sistemas mecânicos pode ser estendida para a investigação de sistemas biológicos, a despeito do fato de que esses últimos exibem um grau de complexidade vastamente superior. Essa atitude filosófica é conhecida como "computacionalismo"[6] e foi defendida por muito filósofos, como Jerry Fodo (Fodor 1975) e Hillary Putnam (Putnam 1979)[7]. Ainda assim, os críticos do computacionalismo consideram como "puramente mística" a

---

[5] Uma discussão mais aprofundada da interpretação errônea da tese de Church-Turing pode ser encontrada na Enciclopédia de Filosofia de Stanford (http://plato.stanford.edu/entries/church-turing).

[6] Esse nome é atribuído a Hilary Putnam em: Cérebro e comportamentos.

[7] Para uma discussão ampla do computacionalismo veja: Gualtiero Piccinini, Computationalism in the philosophy of mind. Philosophy Compass 4 (2009).

visão que funções mentais superiores, envolvendo linguagem, tomadas de decisão e raciocínio poderão, de alguma forma, "emergir das interações de comportamentos básicos como o desviar de obstáculos, o controle do movimento ocular e a manipulação de objetos" (Copeland 2002, Copeland, Posy et. al. 2013). No limite, o computacionalismo não só prevê que todo o repertório de experiências humanas pode ser reproduzido e iniciado por uma simulação digital, como ele propõe que, num futuro próximo, devido ao crescimento exponencial do seu poder computacional, máquinas digitais poderiam suplantar a totalidade da capacidade humana. Essa proposta, criada por Ray Kurzweil e outros, ficou conhecida como a hipótese da Singularidade (Kurzweil 2005)[8]. No seu todo, essa hipótese não só forneceu um alento para linhas de pesquisa, incluindo aquela conhecida como Inteligência Artificial Radical, que consistentemente tem produzido resultados muito aquém das predições otimistas de seus adeptos[9], como também serviu como a base teórica para uma série de projetos para simular o cérebro humano usando supercomputadores[10], propostos recentemente.

Enquanto nós certamente não duvidamos que os cérebros e outros organismos processam informação, uma série de argumentos descritos nos próximos capítulos claramente refutam a noção que esse processamento biológico pode ser reduzido a um algoritmo e, consequentemente, ser simulado em um

---

[8] No seu livro A Era das Máquinas Espirituais: Quando Computadores Suplantam a Inteligência Humana, Kurzweil propõe uma interpreatação tão radical quanto falsa da suposição Church-Turing: "se um problema não pode ser solucionado por uma máquina de Turing, ele também não pode ser solucionado pela mente humana".

[9] Em 1968 Marvin Minsky, chefe do laboratório de IA do MIT anunciou que: "Dentro de uma geração nós teremos computadores inteligentes como HAL do filme 2001: Uma Odisseia no Espaço. Certamente, essa predição não se materializou e Misky recentemente declarou que qualquer simulação digital do cérebro tem uma chance diminuta de ser bem-sucedida.

[10] Como o Projeto Cérebro Azul da IBM e o Projeto Cérebro Humano da comunidade europeia.

computador digital, ou qualquer outra máquina de Turing, de forma a produzir algum resultado significativo.

Hoje, um número considerável de neurocientistas acredita que as funções neurológicas superiores, tanto em animais como no ser humano, derivam de propriedades emergentes complexas do cérebro, apesar da natureza e origem dessas propriedades serem foco de um debate intenso. Propriedades emergentes são comumente consideradas atributos globais de um sistema, que não podem ser antecipadas pela descrição dos seus componentes individuais. Tais propriedades emergentes são extremamente prevalentes na natureza onde elementos interagem e coalescem para formar uma entidade coletiva – como passaredos de pássaros, cardumes de peixes, colmeias de abelhas, ou o mercado de ações –, que é frequentemente designada como um sistema complexo. Consequentemente, a investigação desses sistemas complexos se tornou o foco de pesquisa de um grande número de disciplinas, das ciências naturais (química, física, biologia etc.) às ciências humanas (economia, sociologia, etc.) (Mitchell 2009).

O sistema nervoso central (SNC) de animais pode ser considerado como um típico exemplo de um sistema complexo. A complexidade do SNC, todavia, estende-se aos diferentes níveis de organização, do molecular, ao celular e ao sistêmico, até atingir o arcabouço do cérebro como um todo. Assim, para poder produzir uma simulação realmente precisa do SNC de um animal em particular, seria preciso incluir na definição de complexidade desse cérebro todas as suas interações com entidades externas, como o ambiente que o cerca e os cérebros dos outros indivíduos da sua espécie com os quais esse indivíduo interage, uma vez que todos esses fatores interagem e modificam o cérebro em particular que está sendo investigado.

Cérebros também exibem uma outra propriedade fundamental: a habilidade de constantemente reorganizar a si mesmos – tanto a nível funcional como estrutural (veja o princípio da plasticidade no Capítulo 1) – como resultado de experiências passadas e presentes. Em outras palavras, a informação processada pelo cérebro é usada para reconfigurar a sua função e morfologia[11], criando uma integração recursiva perpétua entre informação e o tecido neural. Essa é a razão porque nós chamamos o SNC de um sistema complexo adaptativo.

Nessa altura, é fundamental ressaltar que, como nós examinaremos a seguir, os atributos que definem um sistema complexo adaptativo são precisamente os mesmos que minam qualquer tentativa de produzir uma simulação acurada dos comportamentos dinâmicos do SNC. Por exemplo, no começo do século passado, Poincaré demonstrou que os comportamentos emergentes de um sistema composto por alguns elementos interconectados – uma situação muito menos desafiadora que a de simular um cérebro com dezenas de bilhões de neurônios hiper-conectados - não podem ser formalmente preditos através da análise dos seus elementos formadores (Poincaré 1902). Num sistema complexo como o cérebro, elementos individuais (neurônios) interagem dinamicamente com seus "pares" com o objetivo de gerar novos comportamentos do sistema como um todo. Por sua vez, os comportamentos emergentes diretamente influenciam os diversos elementos do sistema, como uma orquestra cujos elementos individuais (instrumentos) são continuamente reconfigurados pela música (propriedade emergente) que eles conceberam em conjunto.

Nesta monografia, nós argumentaremos que o cérebro tem que ser considerado como um "sistema integrado", um "continuum" único que processa informação como um todo, no qual nem "software", nem "hardware" e nem mesmo uma memória pode ser descrita distintamente do modo de processamento intrínseco do sistema[12]. Ao invés, na nossa visão, a forma pela qual o cérebro representa informação é intimamente relacionada com o funcionamento dos seus vários níveis de organização física, da sua macroestrutura global, até o nível quântico. Dessa forma, a maneira pela qual os cérebros de

---

[11] A capacidade da informação em remodelar a matéria orgânica é conhecida como eficiência causal.

[12] Alguns autores usam a expressão "informação incorporada".

animais geram, representam, memorizam e manipulam informação é profundamente diferente daquela que cientistas da computação usam normalmente para conceber como diferentes versões físicas de uma máquina universal de Turing, como os computadores digitais, realizam computações através do emprego de programas algorítmicos (software) dissociado do "hardware".

Nesse novo contexto, quando nós examinamos as operações realizadas pelo cérebro animal usando um ponto de vista computacional ou matemático, comportamentos emergentes não podem ser completamente descritos através de procedimentos de programação clássica e sintaticamente abstrata, executados por um equipamento imutável. Em outras palavras, a rica semântica dinâmica que caracteriza as funções cerebrais não pode ser reduzida à sintaxe limitada dos algoritmos usada por computadores digitais. Isso ocorre porque as propriedades emergentes que surgem simultaneamente dos diferentes níveis organizacionais físicos do cérebro, envolvendo bilhões de eventos interativos, de baixo para cima (molécula para circuitos) e de cima para baixo (circuitos para moléculas), não são efetivamente "computáveis" por uma máquina de Turing. Ao invés, essas propriedades podem ser apenas aproximadas temporariamente por uma simulação digital. Assim, se nós aceitamos a tese de que cérebros animais se comportam como sistemas complexos integrados e auto-adaptativos, as aproximações digitais rapidamente divergirão do comportamento real do sistema e das suas propriedades emergentes que a simulação pretendeu reproduzir, fazendo com que a tarefa de simular as principais funções cerebrais se transforme numa tarefa impossível. Isso significa que, a típica estratégia utilizada por modeladores computacionais, nunca conseguirá descrever ou reproduzir, na sua integridade, a complexa riqueza dinâmica que dota cérebros como o nosso com o seu inigualável repertorio de funções e capacidades. Como ficará aparente nos próximos capítulos, a nossa tese central é apoiada pelo argumento que modelos computacionais, rodando em maquinas de Turing, não conseguem assimilar a complexidade das funções superiores do SNC simplesmente porque eles não conseguem simular o tipo de computações analógicas integradas que geram essas funções mentais em cérebros reais, onde tudo está influenciando tudo simultaneamente. Nos próximos capítulos, portanto, nós examinaremos os argumentos matemáticos, computacionais, evolucionários e neurobiológicos que suportam a tese de que nenhum cérebro animal, complexo o suficiente para merecer ser foco de uma investigação científica, pode ser reduzido a uma máquina de Turing[13].

---

[13] Nesta monografia nós usaremos a palavra "computação" para designar qualquer forma de processamento de informação, não necessariamente limitado à definição dada por Turing para computação.

## CAPITULO 4 - Os argumentos matemáticos e computacionais que refutam a possibilidade de simular cérebros numa máquina de Turing

Antes de descrever as objeções matemáticas e computacionais que formam o nosso argumento central, é importante explicitar o procedimento que define uma simulação computacional de um sistema natural, como o cérebro (Figura 4.1), num computador digital.

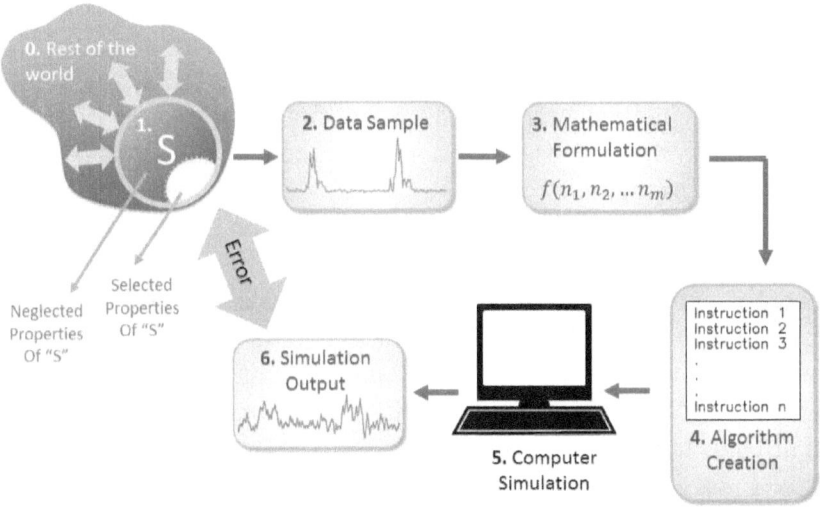

Figura 4.1 – Vários passos são necessários para se realizar um processo de simulação do comportamento de um sistema biológico "S" usando um computador digital. Primeiro, é importante saber que "S" está em constante interação com o resto do mundo (indicado pelas flechas bidirecionais ligando S ao resto do mundo). Para começar o processo, algumas propriedades de "S" têm que ser selecionadas para a simulação (1). Essa decisão, todavia, leva à eliminação de um grande universo de propriedades de "S". A seguir, alguns dados – usualmente, a variação da magnitude de um dado parâmetro no tempo – teêm que ser amostrados de "S" para servir como base da simulação (2). O próximo passo requer a escolha de uma formulação matemática que pode ser usada para descrever o comportamento do parâmetro de "S" que foi selecionado (3). Uma vez que essa formulação matemática tenha sido

escolhida, é necessário reduzí-la a um algoritmo que pode ser rodado num computador digital (4). A seguir, esse computador irá rodar esse algoritmo (5) e gerar o resultado da simulação (6). Note que existe um erro entre o resultado da simulação e os dados amostrados inicialmente. Além disso, existe uma discrepância ainda maior quando o resultado da simulação é comparado com o comportamento original de "S".

Ao longo do processo de construir uma simulação digital, muitas pré-concepções e suposições (0) são feitas (como o tipo de representação da informação utilizado) e vários obstáculos têm que ser superados. Essas suposições podem, em muitos casos, invalidar completamente o modelo. Por exemplo, consideremos um sistema físico "S" cuja evolução quer se simular. A primeira aproximação requerida é considerar "S" como um sistema isolado. Todavia, os sistemas biológicos não podem ser isolados sem que eles percam muitas das suas funcionalidades. Por exemplo, se "S" é um organismo (1), também conhecido, de acordo com Prigogine (Prigogine 1996) como um sistema dissipador, a sua estrutura em qualquer momento do tempo é totalmente dependente do seu intercâmbio de matéria e informação com o ambiente que o circunda. Nesse caso, "S" processa informação como um sistema integrado (veja abaixo). Assim, ao considerarmos "S" como um sistema isolado, nós podemos introduzir um viés indesejado na nossa simulação, especialmente quando um sistema como o cérebro é o foco do estudo. Essa restrição invalidaria qualquer tentativa de implementar um modelo realista do SNC que vise reproduzir os comportamentos de um animal desperto e livre para interagir com o seu ambiente natural, usando dados experimentais colhidos (2), por exemplo, em "fatias" de cérebro de um animal ainda imaturo, estudadas "in vitro". Uma vez que essa preparação experimental reduz dramaticamente a complexidade real do sistema original (um cérebro vivo, fazendo parte de um corpo animal), bem como as suas interações com o mundo que o cerca, comparar os resultados obtidos nesse experimento com o comportamento fisiológico de um cérebro real passa a ser um exercício de futilidade, mesmo quando o modelo produz algum comportamento emergente trivial, como oscilações neurais (Reimann, Anastassiou et. al. 2013).

O próximo passo numa simulação computacional envolve a seleção dos dados extraídos de "S" e a sua forma, sabendo de antemão que nós estaremos negligenciando uma ampla variedade de outros dados e mecanismos computacionais ocorrendo em outros diferentes níveis de observação que nós, por opção ou necessidade, consideramos irrelevantes. Porém, no caso de "S" ser um sistema integrado, como um cérebro animal, nós nunca poderemos ter certeza sobre a potencial irrelevância de algum outro nível organizacional, ou se ele requer a introdução de um outro formalismo, por exemplo, uma descrição a nível quântico, para ser descrito devidamente.

Uma vez que o conjunto de observações ou medidas sobre o comportamento de um dado fenômeno natural relacionado a "S" tenha sido obtido, o próximo passo é tentar selecionar uma formulação matemática (3) que possa descrever o comportamento dos dados selecionados. Como regra, essa formulação envolve o uso de equações diferenciais que variam no tempo[14]. Todavia, é importante enfatizar que, na maioria dos casos, essa formulação matemática já é uma aproximação, que não descreve todos os níveis organizacionais do sistema natural de forma completa. Como expresso por Giuseppe Longo (Bailly e Longo, 2011), a maioria dos processos físicos simplesmente não pode ser definido por uma função matemática.

O passo final envolve a tentativa de reduzir a formulação matemática escolhida para descrever um sistema natural num algoritmo (4), isso é, uma série de instruções sequenciais que pode ser executada por uma máquina digital. Em resumo, uma simulação computacional nada mais é do uma tentativa de simular a formulação matemática escolhida para descrever uma série de observações feitas sobre um fenômeno natural, e não

---

[14] Nós devemos ressaltar que essas estruturas matemáticas foram desenvolvidas originariamente para o uso em física. Dessa forma, elas não necessariamente podem ser aplicadas a sistemas biológicos de forma adequada.

uma simulação do fenômeno natural como um todo. Uma vez que a evolução temporal de um sistema biológico não é governado pela lógica binária usada por computadores digitais (5), o resultado de uma simulação computacional (6) pode, num grande número de circunstâncias, evoluir de forma bem diferente daquela percorrida pelo fenômeno natural. Isso é particularmente verdadeiro quando nós consideramos sistemas complexos adaptativos onde propriedades emergentes são essenciais para a operação adequada de todo o sistema. Dado que não existe evidência que sistemas governados por lógica binária (5) são capazes de produzir o mesmo tipo de propriedades emergentes como o sistema original que é alvo de uma simulação, no final desse processo, nós corremos o risco de descobrir que, no melhor dos cenários, o nosso algoritmo foi capaz de produzir uma aproximação da formulação matemática e, consequentemente, do fenômeno natural. Mas, desde que essa aproximação pode divergir rapidamente (no tempo) do comportamento real do sistema natural, a simulação digital pode levar a resultados totalmente sem sentido desde os seus primeiros passos. Na realidade, a maioria dos modelos que reivindicam ter gerado "vida artificial" empregam combinações de várias técnicas algorítmicas, como "object oriented", ou "process driven", até "gramáticas interativas", na tentativa de imitar algum tipo de comportamento humano. De acordo com Peter J. Bentley (Bentley 2009), essa é uma estratégia falha, uma vez que:

*"Não há um método coerente para correlacionar esses truques de programadores com entidades biológicas reais. Dessa forma, essa abordagem resulta em modelos opacos e não sustentáveis que se baseiam em metáforas subjetivas e um pensamento ilusório..."*

O matemático Michael Berry propôs um exemplo simples para ilustrar as dificuldades relacionadas a simulação de qualquer sistema físico. O exemplo é baseado na tentativa de simular os sucessivos impactos de uma bola de bilhar num jogo, conhecendo completamente as condições iniciais. Calculando o que acontece durante o primeiro impacto da bola é relativamente simples se nós coletarmos os parâmetros e estimarmos a magnitude do impacto. Todavia, para estimar o segundo impacto, a tarefa passa a ser mais complicada uma vez que nós teremos que ser mais precisos ao estimar os estados iniciais para obter uma estimativa aceitável da trajetória da bola. Para computar o nono impacto com grande precisão, nós precisaríamos levar em consideração o efeito gravitacional de alguém posicionado próximo à mesa de bilhar. E para computar o quinquagésimo sexto impacto, cada partícula individual de todo o universo precisa fazer parte das suas suposições; um elétron, no outro lado do universo, deve participar desses nossos cálculos. A dificuldade é ainda mais desafiadora quando o alvo é um sistema biológico. No caso de um cérebro que requer um grau primoroso de coerência de bilhões de neurônios e múltiplos níveis de organização para executar suas funções a cada milissegundo, a possibilidade da nossa simulação divergir da realidade é opressivamente alta.

## O argumento matemático: computabilidade

A computabilidade está especificamente relacionada ao modelo computacional de uma máquina de Turing uma vez que ela se refere à possibilidade ou não de traduzir uma dada formulação matemática num algoritmo efetivo. A computabilidade é, portanto, uma construção alfa-numérica e não uma propriedade física. Uma vez que a maioria das formulações matemáticas de fenômenos naturais não pode ser reduzida a um algoritmo, elas são definidas como funções não-computáveis. Por exemplo, não existe um procedimento genérico que permite a depuração (do inglês "debugging") sistemática de um computador digital. Se nós definimos uma função "F" que examina qualquer programa sendo executado numa máquina qualquer e assume o valor 1 cada vez que ele encontra um "problema" e 0 em caso negativo, "F" é uma função não-computável. A não computabilidade aqui é ilustrada pelo fato que não existe uma expressão algorítmica de "F" que pode detectar antecipadamente que um problema qualquer comprometerá o funcionamento futuro de um computador. Seja lá o que fizemos, esse computador sempre exibirá problemas inesperados que não puderam ser preditos quando essa máquina e seu software foram fabricados.

Também é sabido que não há um programa "anti-vírus" universal[15]. A razão para isso é porque a função "F", cujo resultado é todos os programas que não contêm um vírus, é não-computável. O mesmo tipo de raciocínio também justifica por que não existe um sistema universal de criptografia numa máquina digital, nem um procedimento algorítmico capaz de identificar qual sistema dinâmico é caótico ou não[16].

Agora, nós podemos citar o nosso primeiro argumento contra a possibilidade de simular um cérebro animal, ou mesmo algumas de suas funções superiores, num computador digital. O enunciado desse argumento é o seguinte:

*"Um cérebro animal em pleno funcionamento é capaz de gerar alguns comportamentos que só podem ser descritos por funções não-computáveis. Uma vez que essas funções matemáticas não podem ser manipuladas adequadamente por uma máquina de Turing, não existe a possibilidade de simular um cérebro num computador digital, não importa quão sofisticado ele seja"*.

Os exemplos descritos acima representam apenas uma amostra diminuta da enorme prevalência da não-computabilidade em representações matemáticas de fenômenos naturais. Esses exemplos são todos consequência do famoso problema da decisão de David Hilbert, um matemático alemão altamente influente no início do século XX (veja abaixo). No seu artigo clássico de 1936 (Turing 1936), Alan Turing demonstrou que uma máquina algorítmica, que ficou conhecida como uma

---

[15] Esse é o corolário do teorema de Rice: Qualquer propriedade não trivial sobre uma linguagem reconhecida por uma máquina de Turing não pode ser prevista. (Rice 1953: Classes of recursive enumerable sets and their decision problems).

[16] Como não existe qualquer método capaz de determinar se uma equação Diofantina tem soluções ou não (Yuri Matayasevich, 1970).

máquina de Turing e depois serviu como o protótipo dos computadores digitais modernos, não tem como solucionar o problema da decisão. Desde então, o problema da decisão de Hilbert passou a representar o modelo primordial de funções não-computáveis.

Na realidade, a maioria das funções são não-computáveis porque existe um número "numerável" de possíveis máquinas de Turing e um número infinitamente maior, não-numerável de funções. Isso acontece porque é possível enumerar o grupo de todos os códigos de programas, isto é, o número de programas computacionais é definido por um número finito. Consequentemente, o número de máquinas de Turing possíveis também é finito.

O problema da decisão indica que não existe forma de decidir antecipadamente quais funções são computáveis e quais não são. Essa é razão pela qual a suposição de Church-Turing permanece sendo apenas uma hipótese, nunca tendo sido provada ou rejeitada por nenhuma máquina de Turing. Na realidade, quase todas as funções não podem ser computadas por uma máquina de Turing, incluindo a maioria das funções que deveriam ser usadas para descrever o mundo natural e, na nossa visão, os cérebros altamente complexos que emergiram de um longo processo evolutivo.

Já ciente das limitações da sua máquina de Turing, na sua tese de doutorado, publicada em 1939 (Turing 1939), Alan Turing tentou superá-las ao conceber um novo conceito que ele chamou de máquina do Oráculo. O objetivo central dessa máquina do Oráculo foi a introdução de uma ferramenta do mundo real para reagir a tudo aquilo que "não podia ser realizado mecanicamente" pela máquina de Turing. Assim, a máquina do Oráculo fornecia um "conselho externo" que poderia ser consultado e ativado em alguns passos do cálculo que não podiam ser solucionados algoritmicamente pela máquina de Turing. Uma vez que o Oráculo oferecesse a sua resposta, a computação mecânica poderia ser reiniciada. Em outras palavras, o Oráculo seria sempre chamado para resolver um passo não-computável!

Curiosamente, Turing foi o primeiro a sugerir que essas máquinas do Oráculo não poderiam ser puramente mecânicas. Na realidade, o objetivo central de evocar uma máquina do Oráculo foi explorar o domínio daquilo que não pode ser realizado puramente por processos algorítmicos. Dessa forma, Turing demonstrou que algumas máquinas do Oráculo são naturalmente mais poderosas que máquinas de Turing. E assim, ele concluiu:

*"Nós não devemos especular mais sobre a natureza desse Oráculo além de dizer que ele não pode ser uma máquina".*

O trabalho seminal de Turing, portanto, deu origem ao campo de pesquisa chamado de hipercomputação. Turing por si mesmo nunca sugeriu que tais computadores poderiam ser construídos um dia, mas ele repetidamente insistiu que "a intuição" – um atributo humano não-computável – está presente em cada passo do processo de pensamento de um matemático. Por exemplo, quando uma demonstração matemática é formalizada, a intuição do seu autor se manifesta explicitamente naqueles passos onde o matemático enxerga a verdade de declarações até então não provadas. Turing, todavia, não ofereceu qualquer sugestão do que o cérebro humano estaria fazendo nesses momentos de "intuição".

Muitas décadas depois da introdução da máquina do Oráculo, Chaitin, da Costa e Dória (Chaitin, da Costa et. al. 2011), bem como outros autores (Pour-El e Richards 1989), propuseram a ideia que "sistemas analógicos, não os digitais, podem decidir algumas sentenças matemáticas não solucionadas". Isso aconteceria porque mecanismos computacionais analógicos "computam fisicamente", ou seja, eles "computam simplesmente por obedecer às leis da física, ao invés de através de um algoritmo pré-formulado dentro de um sistema formal, criado para solucionar equações que têm a intenção de descrever o comportamento de um sistema. Colocado de outra forma, nos computadores analógicos não existe a separação entre "hardware" e "software", porque a configuração do "hardware" desse computador está encarregada de realizar todas as computações necessárias e ainda modificar a si mesmo. Essa é precisamente a definição que nós usamos acima para definir um sistema integrado.

De acordo com Chaitin, da Costa e Dória, dispositivos analógicos poderiam servir como base para a construção de um hipercomputador, isto é, "dispositivos do mundo real que decidem questões que não podem ser resolvidas por uma máquina de Turing". Esses autores sugerem ainda que a possibilidade de efetivamente construir um protótipo de tal hipercomputador, acoplando uma máquina de Turing com um dispositivo analógico, é apenas uma questão de desenvolvimento tecnológico, o que reduz a questão a um problema de engenharia. Como tal, tanto o trabalho de Turing, como a possibilidade real de construir um hipercomputador trazem à tona a noção de que existem objetos físicos com capacidades maiores do que as expressas por uma máquina de Turing. Portanto, não pode ser nenhuma surpresa a afirmação de que sistemas integrados, como um cérebro, podem superar as limitações computacionais de uma máquina de Turing. Assim, a mera existência do cérebro de animais pode ser usada para rejeitar a "versão física" da conjectura Church-Turing[17].

No seu todo, esses argumentos fornecem mais subsídios para a nossa tese de que cérebros não podem ser simulados efetivamente em computadores digitais. Desde o início, Turing foi o primeiro a insistir repetidamente na limitação da sua máquina:

*"A ideia por trás dos computadores digitais pode ser explicada ao dizer que essas máquinas são voltadas para executar qualquer operação que pode ser realizada por um computador humano (Turing 1950)"* ou *"A classe de problemas passíveis de solução pela máquina [o computador digital ACE] pode ser definida de forma bem específica. Eles são [um subgrupo]*

---

[17] Por exemplo, no seu livro "A fábrica da Realidade" (1997), David Deutsch argumenta que existem ambientes virtuais que uma máquina de Turing não pode simular.

*daqueles problemas que podem ser solucionados pelo trabalho de um escriturário humano, seguindo regras fixas e sem nenhum nível de entendimento"* (Turing 1946).*"*

No seu livro, "A Fábrica da Realidade, o físico David Deutsch argumenta de forma categórica em favor de uma visão física da conjectura Church-Turing (Deutsch 1997) Como a nossa realidade definitiva é definida pelas leis da física quântica, segundo esse autor deveria ser possível simular a totalidade de todos os fenômenos naturais num computador quântico universal. De acordo com essa visão, simular um cérebro num computador quântico ou digital deveria ser possível, pelo menos em teoria.

Recentemente, David Deutsch amenizou a sua posição inicial ao reconhecer que o cérebro exibe capacidades que excedem aquelas de computadores, tanto quânticos como digitais (veja o nosso argumento Gödeliano abaixo). De acordo com Deutsch[18]:

*"É indiscutível que o cérebro humano tem capacidades que são, em alguns aspectos, muito superiores àquelas de todos os outros objetos conhecidos no universo".*

### Complexidade e funções não-integráveis

De acordo com Poincaré (Poincaré 1905), sistemas complexos dinâmicos (nos quais os elementos individuais são também entidades complexas que interagem entre si), não podem ser descritos através de equações diferenciais que podem ser integradas permitindo que relações entre quantidades sejam calculadas analiticamente. Esses sistemas dinâmicos são caracterizados em termos da soma da energia cinética dos seus elementos, à qual nós devemos somar a energia potencial resultando da interação desses mesmos componentes. Na realidade, esse segundo termo é o responsável pela perda da linearidade e da possibilidade de se integrar essas funções.

---

[18] Aeon Magazine (Oct 2012).

Poincaré não só demonstrou que essas funções não poderiam ser integradas, mas ele também descobriu a explicação dessa impossibilidade: a ressonância entre os graus de liberdade. Em termos gerais, isso significa que a riqueza do comportamento dinâmico desses sistemas complexos não pode ser capturada por grupos de equações diferenciais simples, porque essas ressonâncias levarão, na maioria dos casos, à aparência de termos infinitos.

Cérebros são formados por elementos intrinsicamente complexos e auto-adaptáveis (plásticos), cuja conectividade elaborada adiciona múltiplos outros níveis de complexidade para a totalidade do sistema nervoso. Além disso, o comportamento de cada neurônio, nos vários níveis de observação da rede neuronal a que ele pertence, não pode ser entendido exceto quando ele é referenciado ao padrão global de atividade cerebral. Assim, mesmo o cérebro do mais rudimentar dos animais preenche os critérios de Poincaré para ser classificado como um sistema dinâmico complexo com ressonâncias entre os diferentes níveis organizacionais ou mesmo os elementos biológicos constituintes (neurônios, glia etc.), para os quais não existe uma descrição matemática que possa ser integrada.

Some-se a isso o fato de que, se nós assumirmos que computações vitais cerebrais, isto é, aquelas que são essenciais para o surgimento das suas propriedades emergentes, ocorrerem, mesmo que parcialmente, no domínio analógico, um processo de digitalização não seria capaz nem de aproximar o comportamento fisiológico do cérebro em um preciso momento do tempo, nem prever como o SNC evoluiria no futuro imediato.

Poincaré também demonstrou que sistemas complexos dinâmicos podem ser muito sensíveis às condições iniciais, sendo, portanto, sujeitos a comportamentos instáveis e imprevisíveis conhecidos como "caos" (Poincaré 1905). Em outras palavras, para se obter uma previsão usando uma máquina digital, levando-se em conta um sistema analógico de Poincaré, que varia no tempo, nós teríamos que conhecer com precisão o estado inicial desse sistema, além de possuir uma função computacional que possa ser integrada para poder computar o estado futuro desse sistema. Nenhuma dessas condições pode ser atingida quando nós nos referimos a um cérebro animal. Dada a natureza intrinsicamente dinâmica dos sistemas nervosos, é impossível estimar com alguma precisão as condições iniciais de bilhões de neurônios, nos vários níveis organizacionais de interesse; cada vez que uma mensuração é feita, as condições inicias mudam. Além disso, a maioria das equações selecionadas para descrever o comportamento dinâmico do cérebro não seriam passíveis de integração.

Em vista dessas limitações fundamentais, simulações típicas feitas numa máquina de Turing, mesmo se ela for um supercomputador de última geração com milhares de microprocessadores, não serão capazes de revelar nenhum atributo fisiológico relevante de cérebros animais. Essencialmente, essas simulações provavelmente divergirão do comportamento exibido por cérebros reais no momento em que elas forem iniciadas, levando a resultados absolutamente inúteis para o objetivo de entender algo de novo sobre o funcionamento natural dos cérebros.

**O argumento computacional: problemas não tratáveis.**

A simulação de um cérebro em máquinas digitais também envolve lidar com numerosos problemas ditos não-tratáveis. A "tratabilidade" em computação digital diz respeito ao número de ciclos computacionais necessários para concluir um dado cálculo, bem como outras limitações físicas, como a disponibilidade de memória ou energia. Assim, mesmo quando uma representação algorítmica de uma função matemática que descreve um fenômeno natural é encontrada, o tempo computacional requerido para executar uma simulação com esse algoritmo pode não ser viável em termos práticos, isto é, ela pode requerer toda a vida do universo para retornar uma solução. Essas classes de problemas são conhecidas como não-tratáveis. Uma vez que uma máquina de Turing universal, como um computador digital, é capaz de solucionar qualquer problema que qualquer outra máquina de Turing soluciona, o simples aumento em poder de computação ou velocidade computacional não transforma um problema não-tratável em um tratável; essas medidas apenas melhoram o grau de aproximação num dado momento no tempo.

Vamos examinar um exemplo de um problema não-tratável. Estruturas proteicas incorporadas na membrana de neurônios, conhecidas como canais iônicos, são fundamentais para a transmissão de informação entre células cerebrais. Para realizar suas funções, proteínas têm que assumir uma configuração tridimensional ótima (Anfinsen 1973). Esse formato 3D, atingido por um processo chamado dobradura da proteína, um componente crítico para o funcionamento adequado de neurônios, inclui a expansão, flexão, torção e dobradura da cadeia primária de aminoácidos. Cada neurônio individual tem o potencial de expressar mais de 20.000 genes capazes de gerar proteínas, bem como dezenas de milhares de moléculas de RNA. Sendo assim, as proteínas são parte do sistema integrado que gera informação em cérebros. Consideremos uma proteína simples formada por uma sequência linear de aproximadamente 100 aminoácidos e suponhamos que cada aminoácido pode assumir somente três configurações diferentes. De acordo com o modelo de energia mínimo, normalmente utilizado para tentar estimar a estrutura tridimensional de proteínas, nós teríamos que examinar $3^{100}$ ou $10^{47}$ possíveis estados para atingir um resultado final. Uma vez que o universo de possíveis soluções do modelo de dobradura de proteína cresce exponencialmente com o número de aminoácidos e com o número de conformações consideradas, a busca por essa solução é considerada um problema não-tratável: se essa proteína tivesse que achar a sua configuração 3D através de uma busca aleatória, visitando cada possível configuração em um picossegundo, a busca completa poderia levar mais do que a idade do universo.

Esse exemplo ilustra bem o que Turing pretendia com a introdução de um "Oráculo do mundo real": na vida real, a proteína, enquanto sistema integrado, soluciona esse problema em milissegundos, enquanto um algoritmo computacional criado para realizar a mesma tarefa pode requer todo o tempo disponível na história de todo o Cosmos. A diferença aqui é que o "equipamento proteico" computa a solução ótima e "encontra" a sua configuração 3D simplesmente seguindo as leis da física no domínio analógico, enquanto a máquina de Turing teria que executar um algoritmo criado para solucionar o mesmo problema num equipamento digital. Como nós iremos examinar na seção dedicada a argumentos evolucionários, organismos na vida real, sendo sistemas integrados, podem lidar com a sua complexidade de uma forma analógica que não pode ser capturada por um sistema formal e, por consequência, por algoritmos.

A dobradura de uma proteína é um problema de otimização, isto é, envolve a busca por uma solução ótima num universo de soluções possíveis. Essa operação é expressa pela busca de um mínimo ou máximo de uma função matemática. A maioria dos problemas de otimização caem na categoria de problemas não-tratáveis, usualmente chamados de problemas difíceis NP[19]. Essa última classe de problemas são precisamente aqueles para os quais cérebros complexos são especializados em solucionar. Em simulações computacionais, esses problemas são geralmente abordados através de algoritmos de aproximação que resultam apenas em soluções próximas da ótima. No caso da simulação de um cérebro, todavia, uma solução aproximada teria que ser encontrada simultaneamente nos diversos níveis organizacionais do SNC (molecular, farmacológico, celular, circuitos, etc.), complicando ainda mais a questão, uma vez que a otimização de um sistema complexo adaptativo frequentemente implica na suboptimização dos seus subsistemas. Por exemplo, ao limitar os níveis organizacionais que são levados em conta na simulação de um sistema integrado, como ocorre tradicionalmente durante uma simulação limitada do cérebro, nós provavelmente não teríamos condições de reproduzir fenômenos que são fundamentais na otimização desse sistema integrado.

---

[19] Problemas NP são aqueles para os quais soluções podem ser checadas em tempo polinimial por uma máquina de Turing determinística. Problemas difíceis NP formam uma classe de problemas que são "pelo menos" tão difíceis como os mais difíceis problemas NP.

Usualmente, algoritmos tratáveis são criados como aproximações que visam permitir a estimativa de estados futuros de um sistema natural, dadas algumas condições iniciais. Essa mesma abordagem, por exemplo, é usada por metereologistas para tentar modelar variações do clima e fazer previsões cujas probabilidades de realização, como é bem sabido, tendem a decair rapidamente com o tempo. No caso de simulações do cérebro, a "tratabilidade" do problema fica ainda mais crítica por causa do número extraordinário de elementos (neurônios) interagindo a cada momento no tempo. Por exemplo, dado que um computador digital tem um relógio que avança como resultado de passos discretos de uma função, o problema de atualizar, precisamente, bilhões ou mesmo trilhões de parâmetros, que definem o estado atual do cérebro, transforma-se num problema completamente não-tratável. Dessa forma, qualquer tentativa de prever, nessas condições, o próximo estado de um cérebro, partindo de condições iniciais arbitrárias, produziria apenas uma aproximação muito pobre do sistema a ser modelado. Consequentemente, nenhuma predição significativa das propriedades emergentes desse sistema pode ser obtida por muito tempo, mesmo se forem usadas escalas temporais tão curtas como alguns poucos milissegundos.

Além disso, se nós aceitarmos a noção de que existe algum aspecto fundamental do funcionamento cerebral mediado por campos analógicos (veja abaixo), uma máquina digital não só não seria capaz de simular essas funções, mas também não conseguiria atualizar o enorme espaço de parâmetros (bilhões ou trilhões de operações) com o grau de precisão síncrona necessária durante um mesmo ciclo do seu relógio interno. Em outras palavras, essa simulação digital não seria capaz de gerar qualquer propriedade emergente cerebral realista.

Nessa altura, nós devemos ressaltar que, se alguém deseja simular todo um cérebro, isto é, um sistema dissipativo, altamente conectado, que interage com o corpo de um animal e o ambiente externo, qualquer velocidade de processamento que não se equipare ao tempo real deveria ser imediatamente desqualificada. Uma simulação cerebral sendo executada a uma velocidade – mesmo que ela seja a de um supercomputador – que é menor do que aquela do ambiente real com a qual ela interagirá continuamente, não produzirá nada que um cérebro que evoluiu naturalmente pode produzir ou sentir. Por exemplo, um verdadeiro cérebro animal pode detectar, na fração de um segundo, se um ataque de um predador está prestes a acontecer. Se, porventura, um "cérebro simulado" reage numa velocidade muito mais lenta, essa simulação não será de nenhum valor prático para o entendimento de como cérebros lidam com o fenômeno da interação predador-presa. Essas observações sem aplicam a uma grande variedade de "sistemas nervosos" ao longo da escala filogenética; do mais rudimentar cérebro de animais invertebrados, como o C. Elegans, que contém apenas algumas centenas de células, até o nosso próprio cérebro que é formado por 100 bilhões de neurônios.

## CAPITULO 5 - O argumento evolucionário

De certa forma os argumentos matemáticos e computacionais apresentados nos capítulos anteriores não deveriam causar tanta surpresa uma vez que eles se baseiam no trabalho de Turing e Gödel nos anos 1930. Gödel defendia a ideia de que os seus teoremas da incompletude ofereciam uma indicação precisa e explícita de que a mente humana excede as limitações de uma máquina de Turing e que procedimentos algorítmicos não são capazes de descrever a totalidade das capacidades do cérebro humano:

*"Os meus teoremas demonstram que a mecanização da matemática, isso é, a eliminação da mente e de entidades abstratas, é impossível se nós queremos estabelecer uma fundação clara. Eu não demonstrei que existem questões que não podem ser decididas pela mente humana, mas somente que não existem máquinas capazes de decidir todas as questões da teoria de números"* (carta de Gödel para Leon Rappaport 2 de agosto de 1962).

Na sua famosa aula Gibbs[20], Gödel também manifestou a crença de que os seus teoremas da incompletude implicavam que a mente humana excedia em muito o poder de uma máquina de Turing.

Copeland, Posy e Shagrir (Copeland, Posy et. al 2013) também argumentam que Turing introduziu um novo conceito, chamado por ele de teoria multi-máquina da mente. De acordo com essa teoria, processos mentais definem um processo finito que não é mecânico. Lucas (Lucas 1961) e Penrose (Penrose

---

[20] Alguns teoremas básicos sobre os fundamentos da matemática e suas aplicações, coletânea de trabalhos III, Oxford University Press, 1951/1995, pp 304-323.

1991) ofereceram mais sugestões sobre o que ficou conhecido como o argumento Gödeliano:

*"Os teoremas da incompletude de Gödel (Gödel 1931) podem ser interpretados como definindo claramente as limitações de um sistema formal que não afeta o cérebro humano, uma vez que o sistema nervoso central pode gerar e estabelecer verdades que não podem ser provadas como verdadeiras por um sistema formal coerente, isto é, um algoritmo sendo executado por uma máquina de Turing".*

Roger Penrose foi além, ao propor uma expressão do primeiro teorema da incompletude que o relaciona diretamente a uma capacidade específica, não computável da mente humana: a crença!

*"Se você **acredita** que um dado sistema formal é não-contraditório, você deve também **acreditar** que existem propostas verdadeiras dentro desse sistema que não podem ser demonstradas como verdadeiras pelo mesmo sistema formal".*

Penrose mantém que os argumentos Gödelianos oferecem uma clara indicação da limitação de computadores digitais que não se aplica à mente humana. Em apoio a essa posição, Selmer Bringsjord e Konstantine Arkoudas (Bringsjord e Arkoudas 2004) ofereceram argumentos extremamente convincentes para sustentar a tese Gödeliana, ao mostrar que é possível que a mente humana funcione como um "hipercomputador". Essa tese propõe que o cérebro humano exibe capacidades – como reconhecer ou acreditar que uma afirmação é verdadeira – que não podem ser simuladas por um algoritmo executado por uma máquina de Turing. A implicação imediata dessa assertiva é que o espectro extremamente rico de pensamentos humanos não pode ser reproduzido por sistemas que apenas executam algoritmos. Até onde nós podemos dizer, esses argumentos não foram refutados por nenhum autor.

Dessa forma, a premissa central da hipótese da Singularidade, isto é, que uma futura máquina de Turing suplantará a capacidade de um cérebro humano, pode ser falsificada imediatamente pela afirmação de que nenhuma máquina digital jamais solucionará o enigma de Gödel!

## O argumento evolucionário

Propostas para realizar a engenharia reversa ou criar simulações de cérebros animais em máquinas de Turing também ignoram uma diferença fundamental entre um organismo, como um ser humano, e um mecanismo, como um computador. Mecanismos são construídos de forma inteligente de acordo com um plano pré-concebido ou um diagrama. Essa é a principal razão pela qual um mecanismo pode ser codificado por um algoritmo e, consequentemente, ser alvo de uma estratégia de engenharia reversa. Organismos, por outro lado, emergem como resultado de uma longa sequência de passos evolutivos, que acontecem a múltiplos níveis de organização (das moléculas até o organismo como um todo), e que não obedecem a nenhum plano pré-estabelecido. Ao invés, esses passos evolutivos definem uma série de eventos aleatórios. Organismos, portanto, exibem uma relação muito íntima com o ambiente que os cerca. No seu livro "O fim da certeza", Prigogine (Prigogine 1996) chama os organismos de sistemas dissipadores porque a organização física desses sistemas é totalmente dependente, a todo momento, das trocas de energia, matéria e informação com o mundo exterior.

Organismos só podem existir longe do equilíbrio termodinâmico. Assim, a informação que eles geram sobre si mesmos e o mundo que nos cerca têm que ser usados para constantemente manter um estado de entropia negativa local (Schorödinger 1944)[21]. Essa tarefa só pode ser realizada pela

---

[21] Para Schrödinger, a matéria viva evita a queda em direção ao equilíbrio termodinâmico ao manter, de forma homeostática, um estado de entropia negativa em um sistema aberto. Hoje, nós definimos esse processo como "informação".

reformatação e otimização contínua do substrato material orgânico de onde essa informação emergiu. Sem essa expressão perpétua de "eficiência causal"[22], um organismo iria se desagregar progressivamente. Essa propriedade é absolutamente evidente no caso do sistema nervoso central. Assim, a ideia de que é possível se processar informação independentemente do substrato estrutural[23] (que serve de base para o conceito de engenharia reversa) de um sistema não se aplica quando nós consideramos o fluxo de informação que ocorre num organismo. Esse fluxo de informação num organismo, e especialmente num cérebro animal, envolve múltiplos níveis de organização e continuamente modifica o substrato físico (neurônios, dendritos, espículas dendríticas, proteínas) que o produziu. Esse processo único

*"...amalgama a matéria orgânica e a informação numa entidade única e irredutível.*

A informação num organismo depende do substrato orgânico, uma conclusão que confirma a natureza integrada do cérebro e expõe explicitamente as dificuldades insuperáveis de aplicar a dicotomia "software/hardware" para se tentar explicar a forma pela qual o SNC de animais computa".

John Searle descreveu essa dificuldade (como ele fez para outras dificuldades da visão computacionalista) ao explicar que nós podemos simular a reação química que transforma dióxido de carbono em açúcar, mas como a informação não é integrada, essa simulação não resulta em fotossíntese (Searle 2007). Em apoio a essa visão, Prigogine insiste que sistemas dissipativos, como o cérebro de animais, sobrevivem longe do equilíbrio termodinâmico. Como tal esses sistemas são caracterizados pela instabilidade e pela irreversibilidade do processo de manipulação

---

[22] Ação causal da informação sobre a matéria orgânica.
[23] Informação considerada como sendo independente da matéria que codifica essa informação, como o software de um computador digital típico.

de informação. No cômputo geral, esse arranjo faz com que modelos causais e determinísticos normalmente usados em outras áreas, como a física e a engenharia, tenham dificuldade para explicar o funcionamento de organismos. Ao invés, eles só podem ser descritos estatisticamente, em termos probabilísticos, como um processo cuja evolução temporal é irreversível em todas as suas escalas espaciais.

Por outro lado, C.H. Bennett demonstrou que máquinas de Turing podem reverter cada um dos seus passos lógicos, simplesmente salvando os seus resultados intermediários (Bennett 1973). Esse enunciado é geralmente conhecido como o argumento da irreversibilidade[24].

Examinando um aspecto desse fenômeno de irreversibilidade temporal, Stephen J. Gould propôs (Gould 1989) um "experimento teórico" que elegantemente ilustra o dilema que assombra todos aqueles que acreditam que a "engenharia reversa" de sistemas complexos biológicos é possível através de plataformas digitais determinísticas. Gould chamou essa ideia "O experimento do Filme da Vida" ao propor que, se um filme (imaginário) contendo o registro de todos os eventos evolucionários que levaram à emergência da espécie humana pudesse ser rebobinado e, logo a seguir, ser "solto" para uma nova exibição, a chance de que essa nova "apresentação" gerasse a sequência precisa de eventos que levaram ao surgimento da raça humana seria igual a zero. Em outras palavras, dado que essa nova exibição do filme da vida seguiria um caminho formado por uma sequência de eventos aleatórios, não há nenhuma esperança estatística de que a combinação exata que gerou a humanidade pudesse ser reproduzida novamente.

Essencialmente, "O Experimento do Filme da Vida" sugere fortemente que é impossível usar modelos determinísticos e reversíveis para reproduzir um processo que emerge como consequência de uma sequência de eventos aleatórios. De acordo

---

[24] O argumento da irreversibilidade também foi proposto por Bringsjord e Zenzen em: Cognition is not computation: Synthese, Kluver Academic Publishers, vol 113 issue 2, pp 285-320.

com essa visão, qualquer modelo sendo executado numa máquina de Turing (uma entidade determinística) que tivesse por objetivo "reconstruir" o caminho evolucionário da nossa espécie divergiria rapidamente do processo evolutivo real que levou ao surgimento do ser humano.

**Em outras palavras, não existe nenhuma forma de "reverter a construção" de algo que jamais foi "construído" originariamente.**

Na realidade, no limite, os argumentos em favor da "engenharia reversa" de organismos biológicos defendidos por biólogos como Craig Venter, e neurocientistas, como Henry Markram, tendem a negar o papel central da teoria da evolução em moldar organismos, em geral (Venter), e o cérebro humano (Markram) em especial. Assim, paradoxalmente, os proponentes dessa visão, a qual é considerada por alguns como estando na fronteira mais avançada da biologia moderna, talvez ainda não tenham se dado conta que ao assumir essa posição filosófica eles desafiam frontalmente a mais duradoura fundação teórica da biologia: a teoria da evolução por seleção natural, propondo, como alternativa, um esquema envolvendo algum tipo de "criador inteligente"[25].

---

[25] Para um outro estudo sobre a relação entre aleatoriedade e não-computabilidade veja: Incomputability in physics and biology. Mathematical structures in computer sciences, vol 12, Oct 2012, pp 880-900.

## CAPITULO 6 - O cérebro humano como um sistema físico muito especial: o argumento da informação

Quando estudamos um sistema físico "S", o nosso trabalho, usualmente, é executado do "lado de fora" de "S". Nós medimos propriedades e a evolução temporal de "S" ao expor esse sistema a várias situações experimentais. Mas quando estudamos um cérebro humano, nós podemos obter dois diferentes tipos de informação:

Aquela obtida de fora do cérebro, usando medidas experimentais como as que são obtidas de outro sistema físico (definida aqui como Tipo I, informação extrínseca, ou informação de Shannon e Turing) e aquela obtida de "dentro" do cérebro, através do questionamento do sujeito que possui o cérebro sob investigação (chamada aqui como Tipo II, informação intrínseca ou informação de Gödel).

A informação Tipo I é expressa através de uma sintaxe rígida gerada por bits e bytes. Ao contrário, a informação do Tipo II, como ela é gerada diretamente por um sistema integrado (o cérebro), contém um rico espectro semântico que amplifica o significado e alcance da linguagem do sujeito: a forma pela qual ele/ela comunica os seus próprios pensamentos e sentimentos.

Essa diferença entre os dois tipos de informação pode ser ilustrada por um experimento teórico simples. Na tentativa de descobrir o que se passa quando um paciente observa fotografias contendo imagens desagradáveis, um neurocientista pode medir algum tipo de atividade elétrica cerebral (por exemplo, o EEG) do sujeito sob observação para obter (do lado de fora) informação do Tipo I ou Shannon-Turing. Por outro lado, o mesmo experimentador pode simplesmente pedir ao sujeito exposto às fotos que ele/ela expresse os seus sentimentos para obter informação Tipo II (de dentro do cérebro) ou informação

Gödeliana[26]. Uma vez que os dois conjuntos de dados tenham sido coletados, o neurocientista tentará correlacionar as suas medidas de EEG com o que o paciente disse.

Quando nós medimos algum tipo de padrão de atividade elétrica cerebral, ela não necessariamente estará correlacionada em todas as circunstâncias com o mesmo sentimento descrito pelo paciente. Anteriormente, nós explicamos que isso ocorre devido a várias propriedades fisiológicas do cérebro, como:

1) As condições iniciais nunca são as mesmas num cérebro.
2) O cérebro é um sistema complexo integrado e dinâmico. Como tal, ele pode produzir propriedades emergentes distintas com diminutas mudanças nessas condições iniciais.

Portanto, não há como medir todos os dados necessários em tempo real quando se lida com um cérebro vivo. Mesmo que nós fossemos capazes de obter todas as medidas necessárias, nós não saberíamos como traduzir esses dados neurofisiológicos em emoções subjetivas de um indivíduo. Para isso, nós precisaríamos de um cérebro vivo para nos relatar essas emoções.

O fato que o cérebro humano é capaz de expressar informação tanto do Tipo I como do Tipo II, e a impossibilidade de achar uma correlação precisa entre ambos, cria um desafio único para a abordagem científica tradicional. Isso ocorre porque esse objeto físico particular, que nós chamamos de cérebro humano, ocupa uma posição muito especial entre os alvos das ciências naturais. Num cérebro, a informação obtida exteriormente (digital e formal) nunca será capaz de descrever por completo a visão de realidade descrita pela informação vinda do interior do cérebro (analógica e integrada). É esse relato interior que define o produto único que emerge da fusão de informação e matéria que ocorre no cérebro, possivelmente a

---

[26] A informação Gödeliana inclui toda informação que não pode ser demonstrada como verdadeira por um sistema formal usado para coletar informação sobre um organismo.

mais poderosa dádiva computacional conferida a nós pelo processo evolutivo.

Em resumo, as diferenças entre informação de Shannon e Turing e informação Gödeliana podem ser descritas da seguinte forma:

1) Informação Tipo I é simbólica; isso significa que o recipiente de uma mensagem contendo informação Tipo I tem que decodificá-la para extrair o seu significado. Para realizar essa tarefa, obviamente, ele tem que conhecer o código antes de receber a mensagem. Se o código for incluído na mensagem, ele não seria acessível. Sem um código externo, por exemplo, as linhas que você está lendo agora não fariam o menor sentido, uma vez que o acesso ao significado é essencial para o cérebro fazer algo com uma mensagem.
2) Em contraste, informação do Tipo II não precisa nenhum código para ser processada: o seu significado é reconhecido instantaneamente. Isso acontece porque o significado da mensagem é integrado ao sistema físico – o cérebro – que gera a mensagem. Isso explicaria, por exemplo, porque um par de placas foram adicionadas às naves espaciais Pioneer 10 e 11, lançadas em 1972. Essas placas exibem imagens da Terra e seus habitantes – mensagens analógicas – que poderiam, de acordo com cientistas da NASA, ser mais facilmente compreendidas por alguma forma de inteligência extraterrestre que viesse a ter contato com elas.

Como mencionado acima, na informação do Tipo I, o código não pode ser inserido na mensagem propriamente dita. Assim, se cérebros animais fossem capazes de processar apenas esse tipo de informação, eles teriam que necessariamente possuir algum tipo de meta-código para conseguir entender qualquer mensagem interna, transmitida por seus circuitos neurais. Mas para entender e extrair algum significado desse meta-código, o cérebro necessitaria de outro conjunto de regras intermediárias.

Como podemos ver, quando levado ao limite, esse tipo de raciocínio gera uma regressão infinita, uma vez que um novo código sempre será necessário para extrair uma mensagem transmitida um nível acima. Essa é a razão porque filósofos como Daniel Dennett descrevem esse processo como " o espectador dentro do Teatro Cartesiano".

A regressão infinita descrita acima justifica a nossa visão de que cérebros têm que ser considerados como sistemas integrados que computam usando componentes analógicos, algo que é totalmente diferente da forma pela qual computadores digitais operam. Essa limitação também explica porque computadores digitais fracassam miseravelmente quando eles têm que lidar com "o significado das coisas". Como Marvin Minsky reconheceu[27], computadores falham quando confrontados com tarefas que requerem bom senso:

"Eles não podem olhar dentro de uma sala e discorrer sobre ela".

Isso acontece porque computadores só processam informação de Shannon e Turing. A informação Gödeliana, ou Tipo II, não pertence ao seu mundo digital. Por isso, independentemente do poder computacional que eles podem acumular, eles sempre fracassarão por completo em tarefas consideradas mundanas para qualquer ser humano.

Alguns filósofos classificaram a dificuldade em correlacionar informação do Tipo I e II como o "problema mais difícil" da neurociência. Para nós, fica evidente que esse problema resulta, pelo menos em parte, do fato que os diferentes empreendimentos humanos lidam com um desses dois tipos de informação. O método de investigação científica, por exemplo, favorece naturalmente a informação de Shannnon e Turing, pela sua reprodutibilidade e o consenso social que ela consegue criar. A informação Gödeliana, com sua comunicação subjetiva e pouco precisa é considerada mais relevante para a psicologia, as ciências humanas e as artes. Dessa forma, o cérebro humano é o único objeto natural conhecido que é capaz de utilizar um

---

[27] Wired, Outubro 2003

"sistema de comunicação" (linguagem oral e escrita) capaz de criar um fluxo de informação Gödeliana capaz de expressar, de forma inteligível, a sua visão própria da realidade[28].

Nenhuma máquina de Turing pode realizar essa tarefa monumental. Cérebros, mas não computadores, também podem lidar com conflitos potenciais ou mensagens ambíguas embutidas em amostras de informação I e II amostradas simultaneamente. Para explicar esse ponto, vamos retornar ao fenômeno do membro fantasma descrito no Capítulo 2. É de conhecimento geral que o modelo "feed-forward" digital clássico da percepção sensorial, proposto originariamente por Hubel e Wiesel, que levou ao surgimento do "problema da fusão" a posteriori, não consegue explicar o fenômeno do membro fantasma. Portanto, nenhum modelo digital do cérebro conseguiria produzir a sensação ambígua experimentada por um indivíduo que confronta a sua própria observação quando, mesmo na ausência física de um de seus membros, ele ainda consegue sentir a sua presença claramente.

Nós acreditamos que o fenômeno do membro fantasma poderia ser reinterpretado usando-se uma analogia com o primeiro teorema da incompletude de Gödel. Uma situação hipotética pode ilustrar essa proposição. Suponhamos que um paciente que acabou de ter seu braço direito amputado está se recuperando da cirurgia numa cama de hospital e não pode ver seu corpo porque esse está coberto com um lençol. De repente, o cirurgião responsável pela amputação entra no quarto e se dirige ao paciente para lhe informar que, lamentavelmente, o seu braço direito teve que ser amputado duas horas atrás. Nesse momento, apesar de ter sido informado do resultado do procedimento cirúrgico, o paciente experimenta uma contradição profunda porque ele ainda consegue sentir a presença do seu braço direito, por debaixo do lençol, graças a uma clara manifestação do fenômeno do braço fantasma. Mesmo que o cirurgião, numa atitude totalmente inusitada, decidisse mostrar o braço amputado

---

[28] Tal visão interna não existe em sistemas menos complexos, como aqueles estudados pela física.

para convencer o paciente de que a cirurgia realmente foi realizada e o braço fisicamente removido, o nosso paciente hipotético ainda continuaria a experimentar a sua sensação fantasma.

Esse exemplo extremo ilustra que a mente humana consegue lidar com situações nas quais a prova concreta da ocorrência de um fato (a realização da amputação do braço) e a sensação subjetiva experimentada pelo indivíduo (a impressão de ainda ter o braço ligado ao corpo) divergem ao ponto de se contradizerem, totalmente, mas ainda assim coexistem num mesmo cérebro. Por outro lado, uma máquina de Turing jamais seria capaz de lidar com esse tipo de ambiguidade. Na realidade, a falta de capacidade de uma máquina de Turing em conviver com esse tipo de problema só seria magnificada se, como proposto anteriormente, a definição do esquema corporal se materialize como uma analogia cerebral criada por complexas interações de NEMFs que resultam da operação do HDACE.

No exemplo descrito acima, a informação Gödeliana gerada intrinsicamente pelo cérebro do paciente amputado contradiz frontalmente a informação Tipo I (Shannon-Turing) gerada extrinsicamente. Como tal, a existência de tal contradição só pode ser experimentada e relatada por um sujeito através da expressão da informação Gödeliana.

Evidentemente, todas as objeções levantadas acima foram completamente ignoradas ou rejeitadas pelos pesquisadores que têm como objetivo simular o cérebro humano num computador digital. Por exemplo, Henry Markram, o principal proponente do Projeto Cérebro Humano, declarou recentemente que[29]:

*"A consciência é somente o produto da troca massiva de informação entre um trilhão de células cerebrais... Eu não vejo porque nós não conseguiremos gerar uma mente consciente".*

Sem meias palavras, essa declaração negligencia completamente todos os argumentos matemáticos,

---

[29] Seed magazine, Março 2008.

computacionais, evolutivos e informacionais discutidos acima. De acordo com a nossa visão, qualquer simulação computacional baseada apenas em dados coletados extrinsicamente e que se restringe a trabalhar dentro de um dado sistema formal, não tem a menor chance de reproduzir a diversidade de funções neurológicas geradas pelos sistemas biológicos não-algorítmicos que formam o cérebro de animais.

Nessa altura, nós também devemos salientar que a informação Tipo II não é menos "real" que a do Tipo I; ela não só exibe efetividade causal, isto é, desencadeia mudanças morfológicas e funcionais no cérebro, mas também é unicamente ligada à história integrada de cada cérebro individual. Essencialmente, a informação Gödeliana descreve o ponto de vista único de cada um dos nossos enredos de vida individual, influenciando profundamente as crenças, pensamentos, decisões e comportamentos de cada indivíduo. No limite, a informação do Tipo II contribui para a definição da estrutura e funções dos nossos cérebros que geram os nossos comportamentos.

A informação Tipo II é tão real e importante para qualquer um de nós que o estudo dos seus efeitos pode nos ajudar a explicar uma série de fenômenos extremamente peculiares, como por exemplo, o efeito Placebo. Muito bem conhecido dos profissionais da área da saúde, o efeito placebo se refere ao fato que pacientes podem apresentar melhora clínica significativa ao receberem como tratamento uma substância farmacologicamente inerte – como um tablete de farinha – que foi recomendada pelo seu médico pessoal como "um tratamento novo com grande potencial de cura" para a sua doença. Em outras palavras, a simples sugestão – comunicada através de informação Tipo II - de uma pessoa de extrema confiança – o médico pessoal – pode levar um paciente a exibir melhora do seu quadro clínico após ingerir uma "pílula miraculosa" que, sem o seu conhecimento, é composta apenas de farinha".

Uma vez que a nossa conjectura principal, como a de outros autores, como Penrose, Copeland, e Calude, é que cérebros biológicos não podem ser reduzidos a uma máquina de Turing, existe qualquer outra teoria que poderia descrever a operação do sistema nervoso de animais e explicar a capacidade computacional superior do cérebro humano quando comparada às máquinas de Turing?

A teoria da redução objetiva orquestrada (Orch-OR) de Penrose ee Hameroff postula que algum, ainda desconhecido, efeito gravitacional quântico deveria explicar a forma pela qual cérebros funcionam (Penrose 1994). Penrose reivindica que o colapso de função de onda deveria ser considerado um candidato central por detrás de um processo não-computável pois o fenômeno de colapso é uma propriedade verdadeiramente aleatória e, como tal, não pode ser simulado.

Nós discordamos da Teoria Orch-OR e, no seu lugar, nós propomos uma teoria alternativa que não faz uso explícito de nenhum mecanismo derivado da mecânica quântica, mas mantém aberta a possibilidade de existência de outros efeitos computacionais em diferentes níveis de resolução do sistema nervoso central.

Como descrito no Capítulo 2, em contraste com as propostas que sugerem que o cérebro deveria ser considerado como um sistema digital, nós propusemos uma nova teoria para explicar o funcionamento cerebral: a teoria do cérebro relativístico. De acordo com essa teoria, NEMFS seriam responsáveis pela criação de um continuum espaço-temporal cerebral de onde emergiria o espaço mental. O espaço mental seria responsável por todas as propriedades emergentes do cérebro que definem as funções cerebrais superiores e os comportamentos produzidos pelo sistema nervoso central.

No passado, muitas teorias conferiram um papel crítico para os campos eletromagnéticos cerebrais. Algumas dessas teorias propuseram inclusive que os NEMFs seriam responsáveis pela consciência. Por exemplo, a teoria da informação eletromagnética consciente (CEMI), desenvolvida desse 2002 por Johnjoe McFadden, da Universidade de Surrey, é claramente uma das teorias mais desenvolvidas nesse domínio. McFadden publicou uma série de artigos (McDadden 2002a;2002b) onde essa teoria é detalhada, bem como as suas predições.

O cérebro certamente pode ler informação do tipo Shannon-Turing, codificada na taxa de disparos elétricos de cada neurônio individual, para gerar um sinal de saída. Ainda assim, esse sinal por si só não consegue expressar o espectro extremamente amplo de informação do Tipo II que emerge de uma entidade integrada e unificada como o cérebro humano. Embora NEMFs sejam diminutos quando medidos a nível de um neurônio individual (no intervalo de $10^{-10}$ a $10^{-7}$ Testla), esses campos podem ser amplificados consideravelmente pela atuação síncrona de grandes populações neuronais, cujos axônios formam feixes densos e longos que constituem a substância branca do cérebro.

Em 2007, Thomas Radman e colegas demonstraram que pequenos campos elétricos podem exercer efeitos significativos no tempo de disparo de neurônios e, consequentemente, na codificação de informação por essas células (Radman, Su et. al. 2007). Esses campos elétricos também podem servir como um mecanismo ideal para a geração de oscilações neuronais na banda de frequência gama, que têm sido associadas com importantes funções cerebrais, e que aparecem inclusive durante o sono REM, um período onde memórias são supostamente consolidadas a nível cortical.

Radman et. al. também mostraram que as propriedades não-lineares de neurônios podem amplificar os efeitos de pequenos campos elétricos ao entrar em ressonância com esses. Além disso, também foi sugerido que mesmo pequenos e flutuantes NEMFs podem induzir ou inibir os disparos elétricos de neurônios que estão próximos do limiar, e, assim, modificar a maneira como essas células processam um tipo particular de informação.

Nesta monografia, nós propomos que NEMFs poderiam agir continuamente sobre redes neuronais localizadas à distância, construindo um sistema de retroalimentação fechado contínuo entre os dois níveis computacionais do cérebro – um digital e um analógico – que define o HDACE. Na nossa visão, a utilização desse modo hibrido, analógico-digital de operação confere ao cérebro várias vantagens computacionais e evolutivas. Em termos computacionais, o HDACE permite ao sistema nervoso construir constantemente um "computador analógico" interno que varia continuamente ao integrar diversas fontes neurais de informação, enquanto, ao mesmo tempo, ele realiza o processamento de novos sinais de entrada, provenientes do mundo exterior, de forma muito mais eficiente e com maior capacidade de generalização do que um computador digital. Assim, da mesma forma que uma proteína, o cérebro realizaria suas computações confiando apenas nas leis da física, expressas no domínio analógico dos NEMFs, ao invés de se basear num algoritmo executado num sistema digital.

Outra vantagem conferida por esse modelo é que a computação analógica é quase instantânea e não requer o tipo de precisão que máquinas digitais exigem para realizar uma tarefa envolvendo o reconhecimento de padrões. Ao invés, computadores analógicos constroem uma analogia interna e a comparam globalmente com uma nova mensagem vinda da periferia do corpo, ao invés de decompor essa mensagem em seus componentes, como uma máquina digital faria.

Do ponto de vista evolucionário, o surgimento inicial dos NEMFs em cérebros mais primitivos, dada a sua capacidade de processar instantaneamente a informação gerada por um volume de neurônios distribuídos espacialmente, pode ter fornecido um caminho ótimo para o surgimento de cérebros progressivamente mais complexos. Dentro dessa visão, o surgimento de cérebros maiores ao longo do processo evolutivo, formados pela adição de mais elementos de processamento (neurônios), também requereu a adição paralela de feixes de axônios mais densos e de longo alcance (mais substância branca). Em outras palavras, cérebros maiores necessitam de uma substância branca mais volumosa porque é a partir dessas verdadeiras "bobinas biológicas" que surgem NEMFs potentes o suficiente para produzir a "cola" que amalgama o componente digital (neurônios) de todo o cérebro numa única entidade integrada.

A teoria do cérebro relativístico prevê que os cérebros de primatas em geral e o de seres humanos em particular devem ter experimentado um crescimento explosivo da substância branca durante o processo evolutivo, quando comparado com outros animais. Assim, depois de milhões de anos passados refinando a interação ótima entre os componentes digital e analógico do cérebro, a vantagem evolucional obtida pela geração de NEMFs potentes poderia ter se manifestado pelo surgimento progressivo das funções cerebrais superiores observadas em primatas, que atingiram o seu pico com o aparecimento, aproximadamente 100 mil anos atrás, do sistema nervoso central da nossa própria espécie.

Na nossa visão, NEMFs que variam no tempo surgem da atividade neuronal distribuída por todo cérebro e são responsáveis pela combinação, integração e repetição de memórias estocadas de forma distribuída pelos circuitos corticais. Como tal, esse componente analógico do "motor computacional" do cérebro definiria uma analogia interna que carrega, embutida em si a todo momento, um registro integrando todas as experiências prévias de um indivíduo. Esse componente analógico também seria a principal fonte de onde informação Gödeliana de um cérebro é gerada. Essa analogia interna se manifestaria, a cada momento no tempo, através de padrões de sincronia neural, disseminados por múltiplas estruturas cerebrais separadas fisicamente entre si, mas unidas funcionalmente pelos NEMFs. Os padrões distribuídos de sincronização neuronal, induzidos pela contínua geração de NEMFs, fariam com que o cérebro funcionasse, para todos os fins e propósitos, como um continuum espaço-temporal onde o espaço neural que forma o cérebro é fundido no tempo pela expressão continua de NEMFs.

O tipo de sincronização cerebral a que nós nos referimos só pode ser criado e medido por um sinal analógico (como os campos eletromagnéticos), uma vez que um grau de imprecisão é requerido para que o sistema opere com um nível de adaptabilidade apropriado. Uma sincronização obtida por meios digitais, por outro lado, não permitiria o funcionamento adequado desse processo devido à inerente rigidez da precisão obtida com sistemas digitais.

De acordo com a nossa teoria, quando uma "analogia cerebral" é construída num dado momento do tempo, ela contém, além do "motor" computacional analógico, expectativas manifestas através de uma onda de atividade neural antecipatória que cria uma hipótese interna do cérebro do que pode ocorrer no momento seguinte, de acordo com a experiência prévia adquirida por um indivíduo. Nós chamamos esse sinal antecipatório do "ponto de vista próprio do cérebro" (Nicolelis 2011).

Esse "ponto de vista próprio do cérebro" se refere a um tipo de informação antecipatória não discursiva, não discreta e não verbal que é empregada pelo cérebro para construir representações internas e processar informação Gödeliana. O termo relativístico advém desse conceito central, uma vez que ele descreve a noção que tudo que os nossos cérebros realizam revolve ao redor da sua perspectiva interna e à sua representação da realidade material.

De acordo com essa visão relativística do cérebro, quando uma nova amostra do mundo exterior é capturada pela grande variedade de sensores periféricos corporais (do sistema tátil, visual, auditivo, gustatório etc.) e transmitida, através de vias sensoriais paralelas, para o sistema nervoso central, esse sinal ascendente interfere com a "analogia interna" que define a expectativa construída pelo componente analógico do motor computacional do cérebro. O padrão de interferometria que resulta dessa colisão (entre os sinais periféricos e a expectativa analógica construída internamente) gera a percepção do que está acontecendo no mundo que nos circunda. Essencialmente, o que nós propomos é que o mecanismo verdadeiro de construção da realidade ocorre no domínio analógico, como uma propriedade emergente eletromagnética, ao invés do componente digital do cérebro. Como tal, nenhuma máquina de Turing seria capaz de simular nem esse modelo interno de realidade, nem as tarefas centrais executadas pelo nosso cérebro que dependem dessa representação.

## CAPITULO 7 - Conclusões

Nesta monografia nós apresentamos uma série de argumentos neurofisiológicos, matemáticos, computacionais e evolucionários para defender a tese de que nenhuma máquina de Turing, não importa quão sofisticada ela seja, será capaz de executar uma simulação efetiva do funcionamento de qualquer cérebro animal, incluindo o nosso. Como parte desse argumento, nós também apresentamos uma nova conjectura, designada como a teoria do cérebro relativístico.

Usualmente, as manifestações daquilo que aqui nós definimos como o "espaço mental" são estudadas pela coleta de informação do Tipo II (informação Gödeliana). Essas manifestações incluem, entre outras, o nosso senso de ser e o "ponto de vista próprio do cérebro", isto é, a versão interna do cérebro da realidade material. Uma vez que na nossa visão todos os comportamentos gerados por cérebros complexos como o nosso usam o seu ponto de vista próprio como um plano de referência, o termo relativístico descreve de forma apropriada o arcabouço fisiológico utilizado por sistemas nervosos complexos como o cérebro humano.

De um modo geral, a teoria do cérebro relativístico propõe que a existência de um componente analógico cerebral, e a sua interação recursiva com os elementos digitais do sistema nervoso, representada pelas redes neuronais, prove o mecanismo neurofisiológico que nos permite antecipar, abstrair e adaptar rapidamente aos eventos do mundo exterior. Em termos matemáticos, a existência de um HDACE implica que cérebros complexos geram mais comportamentos do que aqueles que podem ser computados por uma máquina de Turing, como previsto pelo primeiro teorema da incompletude de Gödel. Portanto, funções cerebrais superiores, como criatividade, inteligência, intuição, abstração matemática, todas as formas de manifestação artística, empatia, altruísmo, medo da morte, para mencionar apenas alguns atributos da condição humana, são todos exemplos de propriedades emergentes Gödelianas da mente humana que jamais poderão ser reduzidas a um algoritmo e simuladas por um computador digital. Essencialmente, o que nós queremos dizer é que cérebros integrados e complexos como os nossos podem gerar inúmeros comportamentos emergentes que de longe excedem a capacidade computacional de qualquer máquina de Turing. Dentro desse contexto, o cérebro animal, e em particular o humano, podem ser considerados como a primeira classe de hipercomputadores, mecanismos capazes de superar as capacidades de uma máquina universal de Turing.

Christopher Koch, diretor científico do Instituto Allen De Neurociência, escreveu em seu último livro[30] que a consciência pode emergir de qualquer sistema de informação suficientemente complexo (seja ele um cérebro ou qualquer outro sistema físico). O mesmo cientista declarou recentemente que:

*"Da mesma forma, eu proponho que nós vivemos num universo de espaço e tempo, massa, energia e consciência, emergindo de sistemas complexos".*

Koch se refere a uma função designada como $\phi$ por Giulio Tononi (Tononi 2012) e que mede, em bits, a quantidade de informação gerada por um conjunto de elementos, acima e além da informação gerada pelos seus componentes. Koch propõe que $\phi$ oferece uma medida de consciência e que, consequentemente, qualquer sistema suficientemente complexo poderia ser consciente, incluindo um sistema digital, o que leva Koch a propor uma forma de panpsiquismo.

Nós, por outro lado, acreditamos que complexidade é uma condição necessária, mas não suficiente, para gerar informação Gödeliana, e consequentemente, uma entidade consciente. Ao invés, nos propomos que funções cerebrais superiores só podem emergir como consequência de uma "escultura evolucional" que lapidou e definiu a configuração física do cérebro, permitindo que informação e a matéria orgânica neural tenham se misturado

---

[30] Consciência: confissões de um reducionista romântico, 2012.

e fundido numa estrutura única. Na nossa visão, a despeito de ser um conceito interessante, $\phi$ continua sendo uma medida de informação Tipo I (Shannon-Turing) e, como tal, imprópria para justificar o surgimento de funções cerebrais superiores responsáveis por fundir, em uma única imagem, o fluxo contínuo de informação sensorial e mnemônica.

Ao invés, atributos morfológicos e fisiológicos específicos do cérebro, resultando de um embate evolucional, são necessários para permitir a manifestação dessas funções mentais superiores. Portanto, na nossa opinião, é totalmente absurdo acreditar que ao multiplicar o número de processadores ou aumentar a sua capacidade de memória e conectividade, funções cerebrais superiores como as nossas de repente surgirão de uma versão sofisticada de uma máquina de Turing.

Nós gostaríamos de enfatizar que com esse argumento nós não estamos negando o fato que um computador digital, constituído por um grande número de processadores, seja capaz de gerar propriedades emergentes, na forma de calor e um campo magnético complexos. Todavia, nenhuma dessas propriedades têm nada a ver com o tipo de NEMFs que um cérebro vivo é capaz de produzir. Por um lado, nenhum dos campos magnéticos gerados por um supercomputador é usado para qualquer tipo de computação significativa, nem ele é capaz de influenciar o funcionamento dos microchips da forma que nós postulamos que os NEMFs podem influenciar neurônios reais de forma recursiva.

Além disso, para simular NEMFs reais, seria necessário reproduzir o processo evolucionário que, ao longo de milhões de anos, foi responsável por esculpir todos os níveis de organização do nosso cérebro: da distribuição de canais iônicos nas membranas de cada uma das suas dezenas de bilhões de neurônios, à conectividade macro e microscópica dos circuitos neurais, até a definição dos níveis máximos de consumo de energia que limitam a operação normal do sistema nervoso central. Pesquisadores na área de inteligência artificial, ciência da computação e neurociência que defendem a tese que operações cerebrais fundamentais podem ser reduzidas a um algoritmo computacional, capaz de ser executado por uma máquina de

Turing, basicamente ignoram todos esses fatores. Ao invés, eles professam a crença que ao empregarem métodos de aproximação matemática eles serão capazes de superar essas limitações. Todavia, nenhuma prova convincente dessa crença pode ser encontrada em nenhuma publicação recente desses grupos, como, por exemplo, o Projeto do Cérebro Humano (Human Brain Project) europeu, que baseou todo o seu programa de pesquisa na conjectura que computadores digitais brevemente serão capazes de simular o cérebro de animais.

Nós só podemos supor que o erro conceitual de estender a hipótese de Church-Turing, do mundo matemático, para a realidade física ofuscou o julgamento de alguns pesquisadores, fazendo com que eles ignorassem ou negligenciassem o fato essencial que organismos são entidades integradas. Como tal, o conceito computacional teórico de uma mente abstrata (o chamado software neural), produzindo informação, independentemente do substrato formado por redes neurais (o hardware) não pode ser aplicado na realidade mental de um organismo. Um cérebro computa, mas a realização dessa computação está intimamente ligada à sua estrutura física e não necessariamente se baseia em alguma forma de lógica binária neural.

O modelo do HDACE proposto aqui ergue um desafio significativo para a noção da existência de um único código neural no sistema nervoso central. Como, de acordo com a nossa visão, campos analógicos estão sendo gerados continuamente e podem influenciar diferentes grupos de neurônios num dado momento do tempo, células que estão constantemente se adaptando, não existe um código neural estável o suficiente dentro do contexto do arcabouço teórico da proposta do cérebro relativístico. Ao invés, a nossa teoria prevê que somente a dinâmica intrínseca do sistema recursivo analógico-digital que define o continuum espaço-temporal do cérebro é realmente relevante para o processamento de informação pelo sistema nervoso. Nesse contexto, não existe distinção entre software e hardware no modelo do HDACE porque, dentro desse modelo, uma grande parte do hardware está computando no domínio

# CONCLUSÕES

analógico, definindo um sistema totalmente integrado. Como tal, não existe forma de reduzir essa operação vital do cérebro em um algoritmo, ou software, porque não existe nada como isso em nenhum cérebro animal.

Nesse estado de mudança contínua, o cérebro em geral, e o córtex em particular, só podem ser vistos como um continuum espaço-temporal dinâmico que processa informação como um todo e não somente como um mosaico de áreas especializadas (Nicolelis 2011). Essa visão explica porque um número crescente de estudos tem demonstrado que mesmo áreas corticais primárias (como o córtex somestésico e o visual) são capazes de representar informação derivada de outras modalidades sensoriais. Ratos que aprendem a perceber luz infravermelha usando o seu córtex somestésico ilustram esse fenômeno (Thomson et. al. 2013) (Capítulo 1).

Além disso, a proposta de que o córtex pode computar informação através de um continuum espaço-temporal, graças à fusão "a priori" proporcionada por NEMFs, indica que as idealizações espaciais clássicas, introduzidas em neurociência durante o século passado, conhecidas como mapas, colunas corticais e linhas marcadas, perdem boa parte, se não todo significado a elas atribuídas em termos de unidades cerebrais de processamento de informação. Na realidade, uma quantidade considerável de evidências aponta nessa direção há algum tempo.

Nós propomos, ao invés, que interações neuronais dinâmicas e altamente distribuídas, fundidas no domínio analógico por NEMFs complexos, definem um continuum espaço-temporal neuronal de onde emerge o "espaço mental" e de onde todas as computações responsáveis pela geração de funções mentais superiores ocorrem. Na nossa visão, tal "espaço mental" é responsável por todo o conjunto das experiências, sentimentos, faculdades intelectuais e cognitivas superiores de cada indivíduo.

Como visto no Capítulo 2, vários exemplos ilustram bem a nossa visão de como experiências mentais complexas podem ser geradas pela interação de NEMFS que definem o espaço mental, como a percepção da dor e o senso de ser (típicos exemplos de fenômenos baseados em informação Gödeliana). Por décadas neurofisiologistas têm tentado localizar o substrato neuronal dessas funções cerebrais investigando as propriedades funcionais de neurônios localizados numa multitude de áreas corticais e subcorticais, como se esses fenômenos neurológicos fossem definidos somente por informação Shannon-Turing.

Assumindo que uma linguagem matemática apropriada possa ser empregada para analisar o espaço mental proposta aqui, é concebível que, um dia no futuro, tal análise possa ser utilizada para não somente diagnosticar distúrbios mentais com grande precisão, mas também preventivamente detectar quando o espaço mental começa a se alterar em direção a uma configuração que pode resultar numa doença neurológica ou psiquiátrica no futuro.

Em conclusão, ao longo desta monografia, nós propusemos que a "versão física" da tese de Church-Turing e a sua extensão para o domínio da realidade física, além do mundo matemático abstrato, constitui um sério erro conceitual. Isso ocorre porque o modelo computacional de Turing, que inclui a máquina de Turing e todos outros computadores digitais construídos a partir desse modelo primordial, não descreve de forma completa o poder computacional de objetos físicos naturais, em particular sistemas integrados conhecidos como cérebros animais, que definem os mais poderosos sistemas computacionais criados pelo processo evolucionário. Nesse contexto, a teoria do cérebro relativístico suporta a possibilidade da existência efetiva dos chamados hipercomputadores no mundo físico. Para nós, esses hipercomputadores atendem pelo nome de cérebros!

De acordo com a vasta lista de argumentos descritos acima, a capacidade computacional desses hipercomputadores excedem em muito àquela das máquinas de Turing e seus derivados.

Como visto acima, de certo modo, as interfaces cérebro-máquina, que permitem a conexão direta dos cérebros vivos de animais com atuadores artificiais, representam um outro tipo de hipercomputador artificial ou híbrido. Avanços recentes nessa área de ICMs, como o surgimento das interfaces cérebro-cérebro

(Pais-Vieira, Lebedev et. al 2013), um paradigma através do qual múltiplos cérebros animais podem trocar informações sem impedimento, com o objetivo de estabelecer interações coletivas capazes de levar à execução de uma tarefa complexa, como o controle de um atuador artificial, real ou virtual, exibem um grande potencial para expandir a pesquisa voltada para a implementação e teste de hipercomputadores inspirados em sistemas biológicos.

É importante ressaltar que a teoria do cérebro relativístico também aborda uma série de questões filosóficas clássicas relacionadas à hipótese que uma descrição completa de todas as funções cerebrais pode ser dada única e exclusivamente em variáveis neurofisiológicas mensuráveis. Essa visão é chamada de paradigma materialístico monista. Esse paradigma propõe que não existe nada mais a saber sobre o cérebro e suas funções além do que pode ser inferido pela mensuração de comportamentos materiais. Essa visão nega a diferença entre informação do Tipo I e II. Da mesma forma, esse paradigma opõe-se ao dualismo Cartesiano no qual o cérebro e a mente são considerados como entidades separadas. Assim, o dualismo é considerado como não científico, uma vez que ele envolve uma entidade não material (a mente) que é capaz de agir sobre a matéria orgânica (o cérebro).

Do nosso ponto de vista, nós também não podemos entender como uma entidade abstrata não material poderia ser capaz de trocar energia de forma a influenciar um objeto material. Portanto, a teoria do cérebro relativístico e o seu HDACE permanecem dentro do escopo de uma visão materialística monista, mesmo introduzindo o conceito do "espaço mental" que é criado pela interação de NEMFs. Esses NEMFs são capazes de executar computações e modificar o substrato orgânico (os circuitos neurais) responsável pela sua criação, reestabelecendo um tipo muito peculiar de dualismo no qual informação medida exteriormente e aquela sentida internamente não são isomórficas. Justificando a proposição que nem todas as funções cerebrais podem ser medidas diretamente. Assim, embora a abordagem proposta pela teoria do cérebro relativístico continue a ser materialista e monística, ela considera que toda a informação necessária para explicar o funcionamento de um cérebro vivo não pode ser coletada exteriormente apenas na forma de informação Shannon-Turing.

Muitos autores, incluindo Turing, Gödel, Chaitin, Copeland e Roger Penrose estão convencidos, como nós, que o cérebro humano excede em muito a capacidade de qualquer possível máquina de Turing. Alguns desses autores, todavia, têm buscado por alguma fonte "não determinística" no substrato neural que possa ser responsabilizada pelo aparecimento de atributos da natureza humana, como criatividade e o livre arbítrio, e que possa ser usada para nos diferenciar de máquinas determinísticas. A teoria do cérebro relativístico sugere uma solução para esse dilema que não requer o recrutamento de qualquer fenômeno quântico, como proposto por Penrose[31]. Ao invés, nós propomos que a sensitividade para com as condições iniciais de um cérebro relativístico e a complexidade dinâmica e não computabilidade do HDACE provem o substrato neuronal que explica o caráter probabilístico das funções cerebrais superiores, incluindo criatividade e o livre arbítrio, e porque essas funções não podem ser medidas de fora do cérebro, nem serem reproduzidas por um sistema formal determinístico. De acordo com essa teoria, nós propomos que as experiências de uma vida humana, criadas e registradas pelo cérebro, definem eventos naturais verdadeiramente únicos que permanecerão, para todo o sempre, muito além do alcance de qualquer máquina de Turing.

Finalmente, nós gostaríamos de dizer que, de forma alguma, nós estamos sugerindo que funções cerebrais superiores não poderão um dia ser reproduzidas artificialmente. Essencialmente, nós simplesmente explicitamos uma série coerente de argumentos que demonstram que, se e quando isso acontecer, esse evento não será produto de uma máquina de Turing, não importa quão sofisticada e poderosa ela possa ser.

No mesmo tom, nós não temos nenhuma intenção de diminuir os serviços significativos que máquinas de Turing e o

---

[31] A teoria do cérebro relativístico não exclui a existência de fenômenos quânticos no cérebro.

campo de Inteligência artificial possam prestar para o futuro da humanidade e o progresso da sociedade. Todavia, nós sentimos a necessidade imperiosa de enfatizar que, num momento em que a comunidade científica e governos tentam concentrar seus esforços coletivos para atingir um melhor entendimento do cérebro humano, seria uma tragédia desperdiçar esforços, carreiras e recursos limitados investindo em programas científicos fadados ao fracasso por falta de um embasamento teórico sólido, uma vez que baseados na negação explícita do papel da teoria da evolução, e que sustentam ostensivamente a visão que o cérebro humano não passa de um produto que pode ser reproduzido por versões eletrônicas sofisticadas de uma máquina a vapor.

# Referências Bibliográficas

## 1. REGISTRANDO POPULAÇÕES DE NEURÔNIOS E ICMS

Carmena, J. M., M. A. Lebedev, et al. (2003). "Learning to control a brain-machine interface for reaching and grasping by primates." PLoS Biol 1(2): E42.

Chapin, J. K., K. A. Moxon, et al. (1999). "Real-time control of a robot arm using simultaneously recorded neurons in the motor cortex." Nat Neurosci 2(7): 664-670.

Hebb, D. O. (1949). The organization of behavior; a neuropsychological theory. New York,, Wiley.

Nicolelis, M. (2011). Beyond boundaries : the new neuroscience of connecting brains with machines--and how it will change our lives. New York, Times Books/Henry Holt and Co.

Nicolelis, M. A. (2001). "Actions from thoughts." Nature 409(6818): 403-407.

Nicolelis, M. A. (2003). "Brain-machine interfaces to restore motor function and probe neural circuits." Nat Rev Neurosci 4(5): 417-422.

Nicolelis, M. A. and J. K. Chapin (2002). "Controlling robots with the mind." Sci Am 287(4): 46-53.

Nicolelis, M. A. and M. A. Lebedev (2009). "Principles of neural ensemble physiology underlying the operation of brain-machine interfaces." Nat Rev Neurosci 10(7): 530-540.

Nicolelis, M. A. L. (2008). Methods for neural ensemble recordings. Boca Raton, CRC Press.

Patil, P. G., J. M. Carmena, et al. (2004). "Ensemble recordings of human subcortical neurons as a source of motor control signals for a brain-machine interface." Neurosurgery 55(1): 27-35; discussion 35-28.

Schwarz, D. A., M. A. Lebedev, et al. (2014). "Chronic, wireless recordings of large-scale brain activity in freely moving rhesus monkeys." Nat Methods 11(6): 670-676.

Thomson, E. E., R. Carra, et al. (2013). "Perceiving invisible light through a somatosensory cortical prosthesis." Nat Commun 4: 1482.

Wessberg, J., C. R. Stambaugh, et al. (2000). "Real-time prediction of hand trajectory by ensembles of cortical neurons in primates." Nature 408(6810): 361-365.

## 2. A TEORIA DO CÉREBRO RELATIVÍSTICO

Anastassiou, C. A., S. M. Montgomery, et al. (2010). "The effect of spatially inhomogeneous extracellular electric fields on neurons." J Neurosci 30(5): 1925-1936.

Arvanitaki, A. (1942). "Effects evoked in an axon by the activity of a contiguous one." J. Neurophysiol. 5: 89-108.

Bakhtiari, R., N. R. Zurcher, et al. (2012). "Differences in white matter reflect atypical developmental trajectory in autism: A Tract-based Spatial Statistics study." Neuroimage Clin 1(1): 48-56.

Berger, H. (1929). "Electroencephalogram in humans." Archiv Fur Psychiatrie Und Nervenkrankheiten 87: 527-570.

Botvinick, M. and J. Cohen (1998). "Rubber hands 'feel' touch that eyes see." Nature 391(6669): 756.

Cohen, L. G., P. Celnik, et al. (1997). "Functional relevance of cross-modal plasticity in blind humans." Nature 389(6647): 180-183.

Copeland, B. J. (1998). "Turing's O-machines, Searle, Penrose and the brain (Human mentality and computation)." Analysis 58(2): 128-138.

Debener, S., M. Ullsperger, et al. (2005). "Trial-by-trial coupling of concurrent electroencephalogram and functional magnetic resonance imaging identifies the dynamics of performance monitoring." J Neurosci 25(50): 11730-11737.

Engel, A. K., P. Fries, et al. (2001). "Dynamic predictions: oscillations and synchrony in top-down processing." Nat Rev Neurosci 2(10): 704-716.

Englander, Z. A., C. E. Pizoli, et al. (2013). "Diffuse reduction of white matter connectivity in cerebral palsy with specific vulnerability of long range fiber tracts." Neuroimage Clin 2: 440-447.

Fingelkurts, A. A. (2006). "Timing in cognition and EEG brain dynamics: discreteness versus continuity." Cogn Process 7(3): 135-162.

Fuentes, R., P. Petersson, et al. (2009). "Spinal cord stimulation restores locomotion in animal models of Parkinson's disease." Science 323(5921): 1578-1582.

Ghazanfar, A. A. and C. E. Schroeder (2006). "Is neocortex essentially multisensory?" Trends Cogn Sci 10(6): 278-285.

Gray, J. (2004). Consciousness: creeping up on the hard problem. USA, Oxford University Press

Hubel, D. H. (1995). Eye, brain, and vision. New York, Scientific American Library : Distributed by W.H. Freeman Co.

Jefferys, J. G. (1995). "Nonsynaptic modulation of neuronal activity in the brain: electric currents and extracellular ions." Physiol Rev 75(4): 689-723.

Jibu, M. and K. Yasue (1995). Quantum brain dynamics and consciousness : an introduction. Amsterdam ; Philadelphia, J. Benjamins Pub. Co.

John, E. R. (2001). "A field theory of consciousness." Conscious Cogn 10(2): 184-213.

Kreiter, A. K. and W. Singer (1996). "Stimulus-dependent synchronization of neuronal responses in the visual cortex of the awake macaque monkey." J Neurosci 16(7): 2381-2396.

Kupers, R., M. Pappens, et al. (2007). "rTMS of the occipital cortex abolishes Braille reading and repetition priming in blind subjects." Neurology 68(9): 691-693.

McFadden, J. (2002a). "The conscious electromagnetic information (CEMI) field theory - The hard problem made easy?" Journal of Consciousness Studies 9(8): 45-60.

McFadden, J. (2002b). "Synchronous firing and its influence on the brain's electromagnetic field - Evidence for an electromagnetic field theory of consciousness." Journal of Consciousness Studies 9(4): 23-50.

Melzack, R. (1973). The puzzle of pain. New York,, Basic Books.

Melzack, R. (1999). "From the gate to the neuromatrix." Pain Suppl 6: S121-126.

Nicolelis, M. (2011). Beyond boundaries: the new neuroscience of connecting brains with machines--and how it will change our lives. New York, Times Books/Henry Holt and Co.

Nicolelis, M. A., L. A. Baccala, et al. (1995). "Sensorimotor encoding by synchronous neural ensemble activity at multiple levels of the somatosensory system." Science 268(5215): 1353-1358.

O'Doherty, J. E., M. A. Lebedev, et al. (2011). "Active tactile exploration using a brain-machine-brain interface." Nature 479(7372): 228-231.

Pais-Vieira, M., M. A. Lebedev, et al. (2013). "Simultaneous top-down modulation of the primary somatosensory cortex and thalamic nuclei during active tactile discrimination." J Neurosci 33(9): 4076-4093.

Papanicolaou, A. C. (2009). Clinical magnetoencephalography and magnetic source imaging. Cambridge, UK ; New York, Cambridge University Press.

Papoušek , H. and M. Papoušek (1974). "Mirror image and self-recognition in young human infants: I. A new method of experimental analysis." Developmental Psychobiology 7(2): 149-157.

Pockett, S. (2000). The Nature of Conciousness: A Hypothesis. Lincoln, NE, iUniverse.

Ribeiro, S., D. Gervasoni, et al. (2004). "Long-lasting novelty-induced neuronal reverberation during slow-wave sleep in multiple forebrain areas." PLoS Biol 2(1): E24.

Sadato, N., A. Pascual-Leone, et al. (1996). "Activation of the primary visual cortex by Braille reading in blind subjects." Nature 380(6574): 526-528.

Santana, M. B., P. Halje, et al. (2014). "Spinal cord stimulation alleviates motor deficits in a primate model of Parkinson disease." Neuron 84(4): 716-722.

Shokur, S., J. E. O'Doherty, et al. (2013). "Expanding the primate body schema in sensorimotor cortex by virtual touches of an avatar." Proc Natl Acad Sci U S A 110(37): 15121-15126.

Tsakiris, M., M. Costantini, et al. (2008). "The role of the right temporo-parietal junction in maintaining a coherent sense of one's body." Neuropsychologia 46(12): 3014-3018.

Uttal, W. R. (2005). Neural theories of mind: why the mind-brain problem may never be solved. Mahwah, N.J., Lawrence Erlbaum Associates.

von der Malsburg, C. (1995). "Binding in models of perception and brain function." Curr Opin Neurobiol 5(4): 520-526.

Yadav, A. P., R. Fuentes, et al. (2014). "Chronic spinal cord electrical stimulation protects against 6-hydroxydopamine lesions." Sci Rep 4: 3839.


3. A DISPARIDADE ENTRE O CÉREBRO E A MÁQUINA DE TURING

Copeland, B. J. (2002). "Hypercomputation." Minds and Machines 12(4): 461-502.

Copeland, B. J., C. J. Posy, et al., Eds. (2013). Computability: Turing, Gödel, and beyond. Cambridge (MA), MIT Press.

Fodor, J. (1975). The language of thought. Cambridge (MA), MIT Press.

Kurzweil, R. (2005). The singularity is near : when humans transcend biology. New York, Viking.

Mitchell, M. (2009). Complexity: A guided tour. Oxford, Oxford University Press.

Poincaré, H. (1902). La science e l'hypothèse. Paris, Flamarion.

Putnam, H. (1979). Mathematics, matter, and method. Cambridge, Cambridge University Press.

Turing, A. M. (1936). "On Computable Numbers, with an Application to the Entscheidungsproblem." Proc. London Math. Soc. s2 - 42 (1): 230-265.

## 4. OS ARGUMENTOS MATEMÁTICOS E COMPUTACIONAIS

Anfinsen, C. B. (1973). "Principles that govern the folding of protein chains." Science 181(4096): 223-230.
Bailly, F. and G. Longo (2011). Mathematics and the natural sciences. The physical singularity of life. London, Imperial College Press.
Bentley, P. J. (2009). "Methods for improving simulations of biological systems: systemic computation and fractal proteins." J R Soc Interface 6 Suppl 4: S451-466.
Chaitin, G., N. da Costa, et al. (2011). Goedel's Way: Exploits into an undecided world, CRC Press.
Deutsch, D. (1997). The fabric of reality. Harmondsworth, Allen Lane, The Penguin Press.
Poincaré, H. (1905). Leçons de mécanique celeste. Paris, Gauthier-Villars.
Pour-El, M. B. and J. I. Richards (1989). Computability in analysis and physics. Berlin, Springer-Verlag.
Prigogine, I. (1996). The end of certainty. New York, The Free Press.
Reimann, M. W., C. A. Anastassiou, et al. (2013). "A biophysically detailed model of neocortical local field potentials predicts the critical role of active membrane currents." Neuron 79(2): 375-390.
Turing, A. M. (1936). "On Computable Numbers, with an Application to the Entscheidungsproblem." Proc. London Math. Soc. s2 - 42 (1): 230-265.
Turing, A. M. (1939). Systems of logic based on ordinals Ph. D., Princeton university.
Turing, A. M. (1946). ACE machine project. Report to the National Physical Laboratory Executive Committee.

Turing, A. M. (1950). "Computing machinery and intelligence." Mind: 433-460.

## 5. O ARGUMENTO EVOLUCIONÁRIO

Bennett, C. H. (1973). "Logical reversibility of computation." IBM Journal of Research and Development 17(6): 525-532.

Bringsjord, S. and K. Arkoudas (2004). "The modal argument for hypercomputing minds." Theoretical Computer Science 317(1-3): 167-190.

Copeland, B. J., C. J. Posy, et al., Eds. (2013). Computability: Turing, Gödel, and beyond. Cambridge (MA), MIT Press.

Gödel, K. (1931). "Über formal unentscheidbare Sätze der Principia Mathematica und verwandter Systeme 1." Monatshefte für Mathematik und Physik 38: 173-198.

Gould, S. J. (1989). Wonderful life : the Burgess Shale and the nature of history. New York, W.W. Norton.

Lucas, J. R. (1961). "Minds, Machines and Gödel." Philosophy 36(112-127): 43-59.

Penrose, R. (1991). The emperor's new mind : concerning computers, minds, and the laws of physics. New York, N.Y., U.S.A., Penguin Books.

Prigogine, I. (1996). The end of certainty. New York, The Free Press.

Schrödinger, E. (1944). What Is Life? The Physical Aspect of the Living Cell Cambridge University Press

Searle, J. R. (2007). Freedom and neurobiology. New York, Columbia University Press.

## 6. O CÉREBRO COMO UM SISTEMA FÍSICO MUITO ESPECIAL

McFadden, J. (2002a). "The conscious electromagnetic information (CEMI) field theory - The hard problem made easy?" Journal of Consciousness Studies 9(8): 45-60.

McFadden, J. (2002b). "Synchronous firing and its influence on the brain's electromagnetic field - Evidence for an electromagnetic field theory of consciousness." Journal of Consciousness Studies 9(4): 23-50.

Nicolelis, M. (2011). Beyond boundaries : the new neuroscience of connecting brains with machines--and how it will change our lives. New York, Times Books/Henry Holt and Co.

Penrose, R. (1994). Shadows of the mind : a search for the missing science of consciousness. Oxford ; New York, Oxford University Press.

Radman, T., Y. Su, et al. (2007). "Spike timing amplifies the effect of electric fields on neurons: implications for endogenous field effects." J Neurosci 27(11): 3030-3036.

## 7. CONCLUSÕES

Nicolelis, M. (2011). Beyond boundaries : the new neuroscience of connecting brains with machines--and how it will change our lives. New York, Times Books/Henry Holt and Co.

Pais-Vieira, M., M. Lebedev, et al. (2013). "A brain-to-brain interface for real-time sharing of sensorimotor information." Sci Rep 3: 1319.

Ramakrishnan, A., P. J. Ifft, et al. (2015). "Computing Arm Movements with a Monkey Brainet." Sci Rep, In press.

Tononi, G. (2012). Phi: A voyage from the brain to the soul. Singapore, Pantheon Books.

# APÊNDICE I

**Predições da Teoria do Cérebro Relativístico**

1) Nenhuma simulação digital numa máquina de Turing, não importa quão sofisticada ela seja, poderá simular a complexidade do sistema nervoso de mamíferos.

2) A informação de Shannon não é suficiente para explicar ou quantificar toda a informação e conhecimento gerados pelo cérebro humano. Isso ocorre, porque a informação de Shannon (Tipo I) é puramente sintática e não pode representar a riqueza semântica e ambiguidade que caracterizam o comportamento humano. Essas só podem ser expressas através da informação Gödeliana (Tipo II).

3) Uma vez que os cérebros de animais de alta ordem não podem ser replicados por uma máquina de Turing, o processo de evolução por seleção natural originou hipercomputadores, isto é, sistemas complexos capazes de superar a performance da máquina universal de Turing. Isso sugere que os hipercomputadores podem surgir apenas através do processo evolutivo e não pela construção mecânica.

4) Populações neurais amplamente distribuídas definem a verdadeira unidade funcional do sistema nervoso de mamíferos. Nenhum neurônio único é capaz de sustentar um comportamento complexo.

5) Deve existir um campo eletro-magnético pequeno, mas mensurável, originado dos principais feixes de substância branca do diencéfalo que não é capturado pelos métodos tradicionais de magnetoencefalografia. Feixes de substância

branca funcionariam como verdadeiras "bobinas biológicas".

6) Campos eletromagnéticos corticais e subcorticais seriam capazes de induzir sincronização neural amplamente distribuída por todo o cérebro.

7) Apesar de serem pequenos, NEMFs corticais e subcorticais devem ser fortes o suficiente para "fundir" grupos neuronais, localizados à distância no córtex, antes da discriminação de um estímulo sensorial. Esse fenômeno deverá ser revelado pela observação de atividade neuronal antecipatória síncrona disseminada por todo o neocórtex.

8) Alteração dos NEMFs deveria levar a déficits perceptuais, motores ou cognitivos em seres humanos e outros mamíferos.

9) Durante diferentes tentativas de uma mesma tarefa comportamental, distintos NEMFs serão gerados antes da ocorrência de uma resposta comportamental. Em outras palavras, NEMFs distintos podem gerar o mesmo resultado comportamental.

10) Diferentes grupos de neurônios podem cooperar para gerar um NEMF similar. Isso significa que a origem neuronal precisa de um NEMF não pode ser antecipada nunca.

11) Como a teoria do cérebro relativístico assume que o córtex funciona como um continuum espaço-temporal, respostas sensoriais multimodais poderiam ser observadas ao longo de todas as áreas corticais primárias.

12) De acordo com a TCR, o cérebro checa continuamente a validade do seu modelo interior de realidade. Como tal, as respostas sensoriais corticais evocadas emergem da interferência de um sinal sensorial ascendente e o estado

interno dinâmico do cérebro. Assim, o mesmo estímulo físico pode gerar respostas sensoriais evocadas muito distintas, de acordo com o estado comportamental do animal. Por exemplo, o mesmo estímulo tátil pode produzir respostas corticais evocadas muito diferentes quando apresentadas a um animal anestesiado versus um totalmente desperto e livre para se mover.

13) Fenômenos de alta ordem, como a percepção da dor, sensações do membro fantasma e outras ilusões táteis, auditivas e visuais, como o "preenchimento visual", a atividade onírica e a percepção do nosso senso de ser são todas manifestações de processamento analógico cerebral. Portanto, manipulações dos NEMFs deveriam induzir ou interferir com esses fenômenos.

14) A dinâmica e plasticidade cerebral são elementos chaves na operação cerebral. Portanto, a TCR prevê que nenhum código neural fixo pode ser identificado.

15) Sistemas de processamento "feed-forward" estritos, mapas topográficos, módulos neuronais, colunas corticais e todos os outros conceitos neuronais puramente espaciais podem explicar apenas fenômenos neurofisiológicos que ocorrem em estados cerebrais de baixa dimensionalidade (por exemplo, anestesia profunda). Dessa forma, eles oferecem uma descrição muito restrita da funcionalidade cerebral. Portanto, em animais livres para expressar seus comportamentos, esses conceitos não podem explicar o espectro extremamente rico de dinâmica cerebral. A TCR prevê que durante a anestesia profunda, o coma ou sono profundo, as "bobinas biológicas" formadas pela substância branca não são engajadas. Como consequência, o recrutamento completo dessas bobinas biológicas é necessário para se atingir um estado pleno de vigília e consciência.

16) A TCR prevê que a contribuição da substância branca para a massa total do cérebro aumentou ao longo do processo evolutivo, contribuindo decisivamente para o aumento da complexidade dos comportamentos animais.

17) A geometria e topologia do "espaço mental", que é definido pela combinação de NEMFs que formam o continuum espaço-temporal do cérebro, poderiam, em teoria, ser investigados formalmente por uma geometria não Euclidiana.

18) De acordo com a TCR, doenças neurológicas e psiquiátricas são manifestações de tipos particulares de dobraduras do continuum espaço-temporal neural. Como tal, elas poderiam ser tratadas por terapias que manipulam os NEMFs com o objetivo de corrigir a dobradura errônea do continuum espaço-temporal.

19) Algumas formas de autismo poderiam resultar do desenvolvimento impróprio das "bobinas biológicas" da substância branca. Como tal, esses pacientes poderiam exibir anormalidades no dobramento do continuum espaço-temporal cortical, que seria refletido na produção de NEMFs patológicos. Eletromagnetoterapia, através da estimulação transcraniana magnética, pode no futuro servir como um tratamento para essa condição.

20) Ferramentas artificiais, como braços e pernas artificiais ou mesmo corpos virtuais, podem ser assimilados como uma extensão do esquema corporal que existe no cérebro humano. Espaço neuronal seria dedicado para representar essas partes artificiais do corpo.

21) De acordo com a TCR, mamíferos podem adquirir novas modalidades sensoriais que os dotam com a habilidade de perceber novos estímulo físicos. Isso ocorreria quando a representação de uma nova dimensão física é misturada

com uma modalidade original, como por exemplo a representação de luz infravermelha no córtex somestésico primário.

22) No limite, a mecanização de processos reduz a diversidade e expressão dos comportamentos humanos naturais. A redução da diversidade dos comportamentos humanos diminui a capacidade mental humana.

23) A hipótese da Singularidade, como proposta por Ray Kurzweil, é uma impossibilidade matemática. Máquinas inteligentes não serão capazes de reproduzir a inteligência humana, nem serão capazes de superar a natureza humana.

www.ingramcontent.com/pod-product-compliance
Lightning Source LLC
Chambersburg PA
CBHW020440220526
45464CB00002B/794